G M Kote
Pritam Bhutada
Ganesh Maher

Resposta do genótipo de sorgo em grão pré-lançado ao nível de feretilizante

G M Kote
Pritam Bhutada
Ganesh Maher

Resposta do genótipo de sorgo em grão pré-lançado ao nível de feretilizante

Efeito de diferentes fertilizantes no sorgo em grão

ScienciaScripts

Imprint
Any brand names and product names mentioned in this book are subject to trademark, brand or patent protection and are trademarks or registered trademarks of their respective holders. The use of brand names, product names, common names, trade names, product descriptions etc. even without a particular marking in this work is in no way to be construed to mean that such names may be regarded as unrestricted in respect of trademark and brand protection legislation and could thus be used by anyone.

Cover image: www.ingimage.com

This book is a translation from the original published under ISBN 978-620-7-80699-7.

Publisher:
Sciencia Scripts
is a trademark of
Dodo Books Indian Ocean Ltd. and OmniScriptum S.R.L publishing group

120 High Road, East Finchley, London, N2 9ED, United Kingdom
Str. Armeneasca 28/1, office 1, Chisinau MD-2012, Republic of Moldova, Europe
Printed at: see last page
ISBN: 978-620-7-97904-2

CAPÍTULO I

INTRODUÇÃO

O sorgo [Sorghum bicolor (L.) Moench], pertencente à família Poaceae, é uma cultura cerealífera tolerante à seca e nutritiva, sendo uma das principais culturas de base de milhões de pessoas em regiões semi-áridas, cultivada principalmente para a produção de cereais. O sorgo é uma das principais culturas alimentares de cereais em muitas partes do mundo (Shaharajabian et al., 2011). O sorgo, vulgarmente conhecido como Jowar, é também referido como "Milo" e é um dos principais cereais para alimentação do gado. É também conhecido como o rei do painço e a quinta cultura mais importante do país, depois do arroz, do trigo, do milho e da cevada (Singh et al., 2013). Devido à pluviosidade irregular na kharif, é maioritariamente cultivado como cultura de sequeiro na Índia, sendo preferido pela sua adaptabilidade a ambientes aberrantes, especialmente em terras marginais. O sorgo tem características notáveis de ser capaz de se sustentar durante o período de seca, bem como em condições de alagamento. Esta caraterística explica, em grande parte, o êxito do sorgo em épocas adversas e é a razão pela qual foi designado por "cultura de camelo". O sorgo é cultivado principalmente para alimentação animal, produção de grãos e etanol (Devi et al., 2018). Está a tornar-se uma cultura cada vez mais importante em muitas regiões do mundo (Kasozi et al, 2005; Carmi et al., 2006). É frequentemente uma cultura de polinização cruzada. É um importante alimento, ração e forragem para a humanidade, aves de capoeira e gado. Os seus grãos têm cerca de 9,35 % de proteínas, 3,35 % de gordura, 72,41 % de hidratos de carbono e 10,66 % de humidade (Adebiyi et al., 2005). Para além do sorgo como cultura alimentar, existem possibilidades de outras utilizações alternativas do sorgo, tais como alimentos transformados, rações para animais leiteiros, e o sorgo está repleto de cálcio, ferro, potássio, fósforo, proteínas e fibras e utilizações industriais - amido, bebidas e etanol. É uma cultura anual resistente à seca. Desenvolve-se em clima tropical, com uma amplitude térmica de 25-35^0 C. É adequado para altitudes mais baixas. Pode ser cultivada com uma precipitação de 300-350 mm por ano. Um cereal de sequeiro proeminente, o sorgo (Sorghum bicolor), é cultivado como uma cultura versátil que serve o duplo objetivo de fornecer sustento tanto para consumo humano como para forragem para o gado. Esta prática agrícola é particularmente prevalecente em regiões como Maharashtra, Karnataka, Madhya Pradesh, Andhra Pradesh, Rajasthan, Tamil Nadu, Uttar Pradesh e Gujarat. No entanto, o desafio surge da diminuição da disponibilidade de terras per capita devido ao aumento da população, deixando uma margem mínima para a expansão da área de cultivo dedicada a uma cultura específica. Tendo em conta estes condicionalismos, a solução viável reside no aumento da produtividade da cultura por unidade de área e de tempo. Para tal, é necessária uma utilização estratégica e optimizada dos factores de produção, que constitui a única via viável para satisfazer a procura crescente de alimentos para consumo humano e animal e de forragens, face à limitação das terras disponíveis. No passado, foram envidados esforços para melhorar os rendimentos desta cultura através de práticas de melhoramento e de gestão das culturas. Estas práticas permitiram, sem dúvida, aumentar o rendimento médio, mas os trabalhos de investigação realizados nos últimos 30 anos mostraram que a adoção esporádica destas práticas pode aumentar ligeiramente o rendimento médio, mas o verdadeiro avanço na produção vegetal só será possível com a adoção de tecnologias científicas de produção vegetal, que prevejam a utilização de híbridos associados a técnicas agrícolas melhoradas.A nível mundial, o sorgo é produzido anualmente em 41,31 milhões de hectares de terra, com uma produção total de 59,83 milhões de toneladas e um rendimento médio de grãos de 1,45 toneladas por hectare (USDA 2019). A China, a Índia, os Estados Unidos da América e o México são os principais produtores de sorgo do mundo. A Índia detém a maior quota (32,5%) da área mundial de sorgo e ocupa o segundo lugar na produção, a seguir aos EUA. Ao longo das décadas, registou-se um declínio da área cultivada de sorgo, uma vez que os agricultores estão a mudar para cereais mais rentáveis (arroz, trigo, milho), leguminosas e culturas concorrentes (oleaginosas e algodão). O Maharashtra é o maior produtor, com uma área de 19,03 lakh hectare e uma produção de 15,01 lakh ton, com um rendimento de 789 kg ha^{-1} , contribuindo com 34,53% da produção total de sorgo, seguido do Karnataka (18,95%) e do Rajastão (8,26%) (Anonymous 2022). O Andhra Pradesh contribui com 5,58% para a produção total de sorgo. Vale a pena referir que a produtividade do sorgo é muito elevada em comparação com outros Estados da Índia, devido às formas comerciais de cultivo. É um facto bem estabelecido desde há muito tempo que, entre os nutrientes, o azoto desempenha um papel importante no crescimento e desenvolvimento das plantas cultivadas. O azoto é indispensável para aumentar a produção das culturas, uma vez que é constituinte do protoplasma e da clorofila e está associado à atividade de todas as células vivas, juntamente com maiores perdas por volatilização e lixiviação. O azoto é removido pelas plantas em quantidades comparativamente maiores e, ao mesmo tempo, a maioria dos solos indianos é deficiente em azoto. O fósforo (P) é um elemento-chave em muitos processos fisiológicos e bioquímicos. O fósforo desempenha um papel ativo na produção, armazenamento e transferência de energia. Contribui igualmente para a fotossíntese, a respiração, o crescimento das raízes e a tolerância às doenças radiculares, a reprodução das plantas e a formação de sementes. O fósforo está presente em estruturas complexas de ADN e ARN que contêm e traduzem a informação genética, controlando assim todos os processos vivos nas plantas. O fósforo é também um componente do complexo de vitaminas B. O P está disponível para as plantas no início da estação de crescimento é de particular importância (Grant et al., 2001). Vários factores de produção como o azoto, o fósforo e os fertilizantes potássicos e a sua utilização eficiente devem ser avaliados e optimizados para se obter um rendimento mais elevado de cereais e forragens, para os quais a nutrição com N e P desempenha um papel vital (Tandon e Narayan, 1990). O azoto é o único nutriente absorvido pela cultura do sorgo em grande quantidade durante todo o período de crescimento e é o fator limitante máximo para a produção de matéria seca. O baixo teor de azoto dos solos indianos acentua ainda mais o problema. Por conseguinte, é necessária uma dose pesada de fertilização com azoto para repor as necessidades devastadoras da cultura e o stress competitivo. A energia obtida a partir da fotossíntese e do metabolismo dos hidratos de carbono é armazenada em compostos de fosfato para utilização posterior no crescimento e no processo reprodutivo. Um bom fornecimento de fósforo está associado a um maior crescimento das raízes, o que resulta numa exploração extensiva das áreas do solo onde o fósforo é aplicado para obter nutrientes e humidade. O azoto e o fósforo, quando aplicados em combinação em quantidades adequadas, produzem uma boa quantidade de fonte e sumidouro e a cultura utiliza os recursos naturais de forma mais eficiente e, eventualmente, a cultura dá maior rendimento. Assim, para aproveitar o potencial genético dos genótipos melhorados, temos de fornecer uma quantidade adequada de azoto e fósforo a esta cultura. Nos níveis de tecido vegetal, o potássio é o segundo a seguir ao azoto, com uma variação de 1-3% em peso. O potássio é importante para a translocação do açúcar da fonte para o sumidouro. O potássio também pode transportar água e nutrientes no xilema através da planta. Desempenha um papel fundamental na síntese de proteínas e de amido. A qualidade física, a resistência às doenças e o valor alimentar das culturas cerealíferas e forrageiras são melhorados por níveis elevados de potássio disponível. O potássio também ajuda na resistência à seca e ao acamamento. Também regula a fotossíntese, a atividade estomática e os processos de ativação enzimática são igualmente regulados pelo potássio (Prajapati e Modi, 2012). Na fotossíntese e na respiração, o fósforo desempenha um papel importante no armazenamento e na transferência de energia sob a forma de ADP e ATP, denominada "moeda energética" da planta. As plantas necessitam de P para o desenvolvimento de ATP (energia), açúcares e ácidos nucleicos. O P contribui para o desenvolvimento das raízes, a iniciação das flores e o desenvolvimento das sementes e dos frutos. Foi demonstrado que o P reduz a incidência de doenças em algumas plantas e melhora a qualidade de certas culturas. Devido à deficiência de um único elemento (fósforo), o ciclo de vida das plantas não pode ser completado, pelo que o fósforo é designado por "chave da vida". Os sintomas de deficiência de P são geralmente mais visíveis nas plantas jovens, que têm uma maior procura relativa de P do que as plantas mais maduras.

Nos últimos anos, foram desenvolvidos vários genótipos de alto rendimento de sorgo granífero. O genótipo de uma cultura desempenha um papel importante no aumento da produção vegetal, mas a informação sobre a resposta dos genótipos recentemente desenvolvidos aos níveis de azoto é escassa. Assim, é razoável avaliar o desempenho relativo de diferentes genótipos de sorgo em conjunto com diferentes níveis de azoto na situação agroclimática de Maharashtra. Entre os factores de crescimento, o fornecimento adequado de fertilizantes químicos, especialmente N e P, é considerado de importância primordial devido ao seu profundo impacto em vários aspectos do crescimento e desenvolvimento e, consequentemente, na produtividade da cultura. A utilização equilibrada de fertilizantes desempenha um papel fundamental na modernização da agricultura indiana e em tornar o país autossuficiente na produção de géneros alimentícios. Estima-se que quase 40 por cento da produção total de grãos alimentares pode ser diretamente atribuída à utilização de fertilizantes. É necessário reforçar a reclamação a um nível alargado entre os agricultores e atraí-los para a adoção de uma nova cultivar e tecnologia de sorgo. Assim, eles podem deixar a variedade local de sorgo e adotar uma nova. Além disso, os agricultores também estão conscientes da importância do azoto, do fósforo e do potássio na cultura do sorgo. O desenvolvimento de genótipos de elite é um processo contínuo e, atualmente, foram desenvolvidos muitos genótipos de diferentes grupos de maturidade. A fertilização equilibrada tem um impacto substancial no crescimento, desenvolvimento e produtividade dos genótipos de sorgo (Kumar et al., 2008). Entre os diferentes factores de produção, o fertilizante é um fator de produção indispensável para aumentar a produtividade. Promover a adoção de novas cultivares de sorgo e de tecnologia agrícola entre os agricultores é crucial para melhorar o rendimento e a sustentabilidade das culturas. Para encorajar os agricultores a adotar novas cultivares de sorgo e tecnologia agrícola, afastando-se das variedades locais de sorgo, é essencial iniciar uma campanha abrangente de divulgação. Esta campanha deve não só promover os benefícios das novas cultivares, mas também sensibilizar para a importância do azoto, do fósforo e do potássio na cultura do sorgo. Além disso, o desenvolvimento contínuo de genótipos de elite de sorgo, abrangendo vários grupos de maturidade, sublinha a importância de uma fertilização equilibrada para influenciar o crescimento, o desenvolvimento e a produtividade do sorgo. Nos últimos anos, foram desenvolvidas várias novas cultivares de sorgo com maior potencial de rendimento.

Tendo isto em conta, foi realizada a presente investigação intitulada "**Resposta de genótipos de sorgo de grão pré-lançado [Sorghum bicolor (L.) Moench] a diferentes níveis de fertilizante**" com os seguintes objectivos

Objectivos :

1. Estudar o efeito de vários níveis de fertilizantes no crescimento e no rendimento de genótipos de sorgo granífero.

2. Estudar o desempenho comparativo de genótipos de sorgo de grão da kharif pré-lançados.

3. Estudar o efeito da interação de vários níveis de fertilizantes e genótipos de sorgo.

4. Estudar os aspectos económicos dos diferentes tratamentos.

CAPÍTULO II

REVISÃO DA LITERATURA

A presente investigação foi realizada com o objetivo de estudar a "Resposta de genótipos de sorgo (Sorghum bicolor L. Moench) pré-lançados a diferentes níveis de fertilizantes". Neste capítulo, foram feitos esforços para rever o trabalho realizado na Índia e no estrangeiro sobre o sorgo e outras culturas relacionadas, em relação ao estudo do desempenho de genótipos de sorgo com diferentes níveis de fertilizante. A literatura relevante é apresentada nas seguintes situações.

2.1 Efeito dos níveis de fertilizante

2.1.1 Efeito dos níveis de fertilizante no crescimento e nos atributos de crescimento

Akbari et al. (2000) realizaram uma experiência de campo na Main Dry Farming Research Station Gujarat Agricultural University, Targhadia, durante o Kharif 1991-1995, para estudar a resposta de diferentes genótipos de sorgo forrageiro ao azoto em condições de sequeiro e registaram uma maior altura da planta, perímetro do caule e número de folhas da planta^{-1} com um nível crescente de aplicação de azoto até 75 kg ha^{-1} no sorgo. Sumeriya (2000) realizou uma experiência de campo no Rajasthan College of Agriculture, Udaipur, para estudar a resposta de diferentes cultivares de sorgo ao azoto e à inoculação com azospirillum. A aplicação de azoto a 40 kg ha^{-1} aumentou significativamente a altura das plantas em relação ao controlo. A inoculação com Azospirillum também aumentou significativamente a altura das plantas em relação ao controlo.

Ayub et al. (2002) realizaram uma experiência de campo na Universidade de Agricultura de Faisalabad durante o ano 2000 para estudar o efeito de diferentes níveis de azoto e da época de colheita no crescimento, rendimento e quantidade de sorgo forrageiro e registaram a altura máxima das plantas e o diâmetro do caule com níveis crescentes de azoto até 150 kg ha^{-1} .

Patidar e Mali (2004) realizaram uma experiência de campo na Divisão de Ciências Animais e Produção de Forragem, CAZRI, Jodhpur (Rajasthan) durante as estações chuvosas (kharif) de 1997 e 1998 para avaliar o efeito do estrume de curral (FYM), níveis de fertilidade e biofertilizantes e o seu efeito combinado na produtividade e qualidade do sorgo e mostraram que a aplicação de fertilizante a 50%, 75% e 100% RDF aumentou a floração, bem como melhorou vários parâmetros de crescimento, viz. altura da planta, acumulação de matéria seca (DMA), LAI e teor de clorofila nas folhas em relação ao controlo. Ahmed et al. (2007) realizaram uma experiência de campo em Ebshway, província de Fayoum, Egipto, durante 2006 e 2007, para estudar a resposta de duas cultivares de sorgo (Meina e Horas) a diferentes fontes de fertilizantes azotados. A cultivar Horas superou a cultivar Meina em altura de planta (cm), nº de folhas/planta, LA/planta (dm^2), RGR em todas as fases de crescimento. Os resultados mostraram que o fertilizante de azoto de libertação lenta deu o maior incremento na altura da planta, no número de folhas da planta^{-1} , no número de entrenós, no peso seco da planta (g), LA da planta^{-1} (dm^2) e LAI.Patil et al. (2008) realizaram uma experiência no MPKV Rahuri, Maharashtra, sobre o efeito da gestão integrada de nutrientes na sequência de cultivo de sorgo - grão-de-bico sob irrigação. A aplicação de 75 % da dose recomendada de fertilizante (RDF) + estrume de quintal (FYM) + biofertilizante [Azospirillum e bactérias solubilizadoras de fosfato] proporcionou uma altura de planta e matéria seca significativamente mais elevadas e foi igual à aplicação de 100% de RDF apenas através de produtos inorgânicos, mostrando uma poupança de 25% de nutrientes. O efeito residual da aplicação de 5 toneladas de FYM ha^{-1} ao sorgo anterior resultou num crescimento significativamente mais elevado. Yadav et al. (2009) realizaram um ensaio de campo no Rajastão em sorgo para estudar o efeito da gestão integrada de nutrientes no rendimento, teor de proteínas, teor de nutrientes e absorção de sorgo e descobriram que a aplicação de 100% RDF (80 kg N + 40 kg P_2O_5 + 40 kg K_2O ha^{-1}) registou a altura máxima da planta, que foi significativamente maior em comparação com o 50% RDF + 2,5 t FYM ha-^{1} + Azotobacter + PSB e controlo. Patil et al. (2011) conduziram uma experiência de campo em Bijapur durante 1994-95 e 1995-96 para estudar o crescimento e o rendimento do sorgo de inverno (Sorghum bicolor (L.) Moench) influenciado por práticas de conservação da água da chuva, materiais orgânicos e aplicação de nitrogénio em Vertisols da Índia Tropical Semiárida e observaram que a aplicação de 25 e 50 kg N ha^{-1} produziu significativamente mais área foliar da planta^{-1} aos 60, 90 dias após a sementeira e na colheita. O aumento da aplicação de N até 50 kg ha^{-1} aumentou significativamente a produção de matéria seca das plantas^{-1} e o rendimento de grãos em relação a 25 kg N ha^{-1} e ao controlo. A aplicação de 100 % de RDF (80: 40 kg N: P ha^{-1}) registou uma acumulação de matéria seca significativamente mais elevada^{-1} aos 60 DAS e na colheita e a altura da planta na colheita em relação a 50 % de RDF e ao controlo do sorgo. Shahrajabian et al. (2011) realizaram um ensaio de campo na Universidade Islâmica Azad, filial de Khorasgan, Isfahan, Irão, durante 2009, para estudar o rendimento de grãos e as características forrageiras do sorgo forrageiro sob diferentes densidades de plantas e níveis de azoto na segunda cultura após a cevada. Os resultados mostraram que o número máximo de sementes por panícula, o peso de 1000 sementes e o rendimento de sementes estavam relacionados com a aplicação de 160 kg N ha^{-1} e 2,50,000 plantas por ha. Mas, a maior altura de planta, número de folhas por planta, LAI, rendimento de forragem fresca e seca foram alcançados em 4,00,000 plantas por ha com aplicação de 240 kg N ha^{-1} . Singh et al. (2012) realizaram um ensaio de campo na Universidade C.S. Azad de Agricultura e Tecnologia, Kanpur, durante duas épocas consecutivas de kharif de 2007-08 e 2008-09 para estudar o efeito da conservação da humidade e da gestão de nutrientes no crescimento, rendimento e eficiência da utilização da água do sorgo. Os resultados revelaram que a aplicação de N80 + P40 + K40 kg ha^{-1} foi superior em relação à altura da planta, perímetro da planta e comprimento da panícula. Meena et al. (2013) realizaram uma experiência de avaliação no terreno na Universidade de Agricultura e Tecnologia Maharana Pratap, em Udaipur, durante o kharif de 2008, para estudar a gestão integrada de nutrientes nos parâmetros de crescimento, no teor de clorofila e na absorção de nutrientes do sorgo. Os resultados mostraram que a acumulação de matéria seca aos 60 DAS, a circunferência do caule aos 60 DAS, a relação folha:caule, a circunferência do caule, o número de folhas da planta^{-1} e o teor de clorofila aumentaram significativamente com a aplicação de FTR através de fertilizante inorgânico+biofertilizante em relação ao controlo, durante as estações chuvosas (Kharif 2008 e 2009) para avaliar o efeito da fertilidade, do estrume de curral e dos bio-inoculantes na produtividade do sorgo e relataram que a aplicação de 100% de FTR aumentou 50% da floração, bem como melhorou vários atributos de crescimento, nomeadamente a altura da planta, a acumulação de matéria seca (DMA) e a área foliar em relação a 75 e 50% de FTR.Elamin e Madhavi (2015) realizaram um ensaio na Quinta Principal do Instituto de Investigação Agrícola (ARI), Rajendranagar, Hyderabad durante as épocas de kharif e rabi de 2012 e 2013 para estudar a influência da gestão integrada de nutrientes nos parâmetros de crescimento e rendimento do sorgo kharif. 9 tratamentos que incluíram FYM, Vermicomposto e Bolo de Semente de Neem e suas combinações com 0%, 50% e 100% RDF como tratamentos de subparcela. Os resultados indicaram que a altura da planta e o índice de área foliar aumentaram significativamente com a aplicação de vermicomposto, torta de sementes de nim, FYM, 0%, 50%, 100% RDF e suas interacções.

Kubsad (2018) realizou uma experiência de campo durante 2017 para estudar a resposta de genótipos de sorgo rabi a diferentes níveis de fertilidade em condições de sequeiro no AICRP sobre sorgo, Estação Principal de Investigação Agrícola, Dharwad (Karnataka). Os tratamentos consistiram em oito genótipos nas parcelas principais e três níveis de fertilidade nas subparcelas. Os resultados mostraram que a aplicação de 100% de FTR registou uma altura de planta significativamente mais elevada (175,0 cm) do que os restantes tratamentos.

Satpal et al. (2019) realizaram uma experiência de campo em Hissar, Haryana, para estudar o efeito de diferentes níveis de fertilizantes na produção, produtividade e qualidade dos genótipos de sorgo forrageiro. Sete genótipos de forragem de corte único foram testados com três níveis de fertilizantes (75%, 100%, 125% RDF). Os resultados mostraram que, entre os níveis de fertilizantes, o rendimento de forragem verde significativamente mais elevado (44,40 t/ha) e o rendimento de matéria seca (11,79 t/ha) foram registados com 125% de FTR em relação aos níveis de fertilidade mais baixos.Satpal et al. (2020) realizaram uma experiência de campo durante a estação Kharif de 2019 para estudar o efeito de diferentes níveis de fertilizantes na produção, produtividade, qualidade e economia de genótipos de sorgo forrageiro de corte único. Os resultados revelaram que a altura da planta, 50% de dias de floração, relação folha: caule foram significativamente aumentados com a aplicação de 125% de FTR sobre o resto dos níveis de fertilizantes.

Shroff e Patel (2020) realizaram uma experiência de campo na Universidade de Agricultura de Anand, Anand, Gujarat, para estudar o efeito da gestão de cortes e dos níveis de fertilidade no crescimento e na produção de sementes de sorgo forrageiro multi-corte da variedade COFS 29. Os resultados revelaram que a maior altura de planta foi registada com a aplicação de 160 kg N ha^{-1} .

2.1.2 Efeito dos níveis de fertilizantes no rendimento e nos atributos do rendimento

Sumeriya (2000) realizou uma experiência de campo no Rajasthan College of Agriculture, Udaipur, para estudar a resposta de diferentes cultivares de sorgo ao azoto e à inoculação com azospirillum. A aplicação de azoto a 40 kg ha^{-1} aumentou significativamente o peso de 1000 grãos e os rendimentos em relação ao controlo. A inoculação de Azospirillum não influenciou o rendimento de grãos e forragem, mas aumentou significativamente o peso de 1000 grãos em relação ao controlo.

Rana e Singh (2002) realizaram uma experiência de campo em GBPUA&T, Pantnagar, num clima subtropical húmido, para estudar os níveis de fertilidade de azoto e fósforo do sorgo num clima subtropical húmido. O estudo revelou que os atributos de rendimento como o comprimento da panícula, a circunferência da panícula, o peso da panícula, o número de grãos da $panícula^{-1}$ foram melhorados com o aumento dos níveis de azoto e de fósforo. Estes caracteres reflectiram-se nos rendimentos de grãos e palha. Os maiores rendimentos de grãos e palha foram obtidos com 100 kg de N e 50 kg de P2O5 ha^{-1} que foram estatisticamente iguais a 80 kg de N e 40 kg de P2O5 ha^{-1} .Dixit et al. (2005) realizaram uma investigação de campo em Pantnagar, Uttaranchal, durante as épocas de colheita de 1998 e 1999, para estudar o padrão de crescimento e a absorção de nutrientes por genótipos de sorgo [Sorghum bicolor (L) Moench] a diferentes níveis de fertilidade e concluíram que a aplicação de 80 kg de N + 40 kg de P2O5/ha não só aumentou os atributos de crescimento e rendimento, como também aumentou significativamente o rendimento de grão, o rendimento de palha, o índice de colheita, o rendimento de forragem fresca, a absorção de N, P e K.

Ghodpage et al. (2005) realizaram uma experiência de campo em condições de sequeiro no Dr. Panjabrao Deshmukh Krishi Vidyapeeth, Akola, durante 2002-2003, para estudar a utilização eficiente de biofertilizantes inorgânicos e biofertilizantes na produtividade, no valor nutritivo e na absorção de nutrientes do sorgo de sequeiro num vertisol e referiram que o rendimento de grãos de sorgo significativamente mais elevado (40.18 q ha^{-1}) foi registada com a aplicação de 60:30:30 kg NPK ha^{-1} + FYM @ 5 t ha^{-1} e a utilização de Azospirillum e PSB.

Kaushik e Shaktawat (2005) realizaram uma experiência de campo na Universidade Maharana Pratap de Agricultura e Tecnologia, Udaipur Rajasthan, durante as estações chuvosas de 1998 e 1999, para estudar o efeito do espaçamento entre linhas, do azoto e do controlo de ervas daninhas no crescimento, rendimento e absorção de nutrientes do sorgo e referiram que a aplicação de 80 e 120 kg N ha^{-1} registou um rendimento de grão e de palha significativamente mais elevado do que 40 kg N ha^{-1} e o controlo. Foi observada uma melhoria significativa no peso do grão, na $panícula^{-1}$ e no peso de teste sob a influência de 80 kg N ha^{-1} .

Gawai e Pawar (2007) realizaram uma experiência de campo em Mahatma Phule Krishi Vidyapeeth, Rahuri, durante 2001-02 e 2002-03, para estudar o equilíbrio de nutrientes num sistema integrado de gestão de nutrientes na sequência de culturas de sorgo e grão-de-bico e observaram que a aplicação de 75% de FDN + estrume de curral (FYM) +

biofertilizantes produziu rendimentos de grão e forragem significativamente mais elevados de sorgo, o que foi equivalente à aplicação de 100% de FDN apenas com produtos inorgânicos.

Kushwaha et al. (2007) realizaram um ensaio de campo no All India Coordinated Sorghum Improvement Project, College of Agriculture, Indore, M.P. durante a Kharif 2003 e 2004 para estudar o desempenho da Kharif Sorghum no âmbito do sistema de gestão integrada de nutrientes e concluíram que a aplicação de 100% de FTR mostrou um aumento do rendimento de grãos de 14,5% e 36,6% e de forragem seca de 10,9% e 20,6% em relação a 75% de FTR e 50% de FTR, respetivamente. Patil et al. (2008) realizaram uma experiência no MPKV Rahuri, Maharashtra, sobre o efeito da gestão integrada de nutrientes na sequência de culturas de sorgo e grão-de-bico sob irrigação. A aplicação de 75 % da dose recomendada de fertilizante + estrume de quintal + biofertilizante [Azospirillum e bactérias solubilizadoras de fosfato] deu atributos de rendimento significativamente mais elevados e rendimentos de grãos e forragem de sorgo e foi igual à aplicação de 100% RDF através de inorgânicos sozinhos, mostrando uma poupança de 25% de nutrientes. O efeito residual da aplicação de 5 toneladas de FYM ha^{-1} ao sorgo precedente resultou em atributos de rendimento significativamente mais elevados.Ramesha et al. (2011) realizaram uma experiência de campo na Universidade de Ciências Agrícolas, GKVK, Bengaluru, Karnataka, durante 2008 e 2009 para estudar o efeito do vermicomposto enriquecido com fósforo na qualidade do sumo, no rendimento de etanol e no equilíbrio de nutrientes no sorgo doce e mostraram que a aplicação de 125 kg de N + 50 kg de K + vermicomposto enriquecido com fosfato de rocha, bactérias solubilizadoras de fósforo e micorriza vescular arbuscolor resultou em grãos significativamente mais elevados (1.78 e 1,72 t ha^{-1}) e talo moível (30,7 e 29,6 t ha^{-1}).

Singh et al. (2012) realizaram uma experiência de campo em Udaipur durante o kharif 2006 para estudar o efeito dos níveis de fertilizantes na produtividade e na economia de genótipos de sorgo de elite e os resultados mostraram que a aplicação de FTR (80:40 kg N: P ha^{-1}) foi benéfica para a cultura do sorgo no que diz respeito ao peso de 1000 grãos, índice de colheita (%), rendimentos de grãos e biológicos, rendimentos brutos e líquidos, que foram significativamente melhorados em comparação com 50 por cento de FTR e controlo.

Jat et al. (2013) realizaram uma experiência de campo durante a estação kharif de 2010 e 2011 na Faculdade de Agricultura de Rajasthan, Udaipur, para estudar o efeito da gestão integrada de nutrientes no rendimento e na absorção de nutrientes no sorgo. Os resultados revelaram que foram comparados dois níveis de estrume de curral (0 e 10 toneladas ha^{-1}), quatro níveis de fertilidade com base na recomendação do teste do solo (0%, 50%, 75% e 100% NPK) e quatro biofertilizantes (sem inoculação, Azotobacter, bactérias solubilizadoras de fosfato e inoculação dupla de Azotobacter + PSB). A aplicação de 10 toneladas de FYM ha^{-1} aumentou significativamente os rendimentos de grãos (27,7, 28,3%) e de palha (11,3, 12,9%) durante ambos os anos.

Singh et al. (2013) realizaram uma experiência de campo durante a estação rabi de 2004 a 2006 na Universidade de Agricultura e Tecnologia Maharana Pratap, Udaipur, Rajastão, para estudar o efeito das práticas de conservação da humidade do solo in situ e a sua interação com os nutrientes no rendimento, na qualidade e na economia do sorgo. Os resultados mostraram que a aplicação de três parcelas iguais de tratamento com azoto revelou um aumento de 11,44 e 11,86 por cento nos rendimentos brutos e líquidos em relação ao sistema de compartimentos. Foi 15,94% superior ao tratamento de controlo.

Yadav et al. (2013) realizaram uma experiência de campo na Faculdade de Agricultura de Rajasthan, Udaipur, em 2009, para estudar a produtividade, a absorção de nutrientes e a qualidade do sorgo afectadas pela lavoura e pela gestão integrada de nutrientes, tendo verificado que, entre os tratamentos de gestão integrada de nutrientes, o FTR registou um rendimento significativamente mais elevado de grãos, forragem, proteínas e absorção de NPK do que os restantes tratamentos.

Deshmukh et al. (2014) realizaram uma investigação no Dr. Panjabrao Deshmukh Krishi Vidyapeeth, Akola, para estudar o efeito da gestão integrada de nutrientes no rendimento de genótipos de sorgo kharif e na fertilidade do solo durante 2007-08. Registou-se um rendimento significativamente mais elevado de grãos e de forragem com a aplicação de 100% de FTR. No entanto, a aplicação de 7,5 t FYM ha^{-1} + 50 por cento RDF também foi considerada benéfica seguida de 100% RDF no que diz respeito ao rendimento de grãos e forragem e ao estado disponível de N, P e K do solo.

Jat et al. (2014) realizaram uma experiência de campo na Universidade de Agricultura e Tecnologia Maharana Pratap, em Udaipur, durante a colheita de 2010 e 2011, para avaliar o efeito do estrume do quintal, dos níveis de fertilidade e dos biofertilizantes e o seu efeito combinado na produtividade e na qualidade do sorgo e observaram que o rendimento de grãos e o teor de proteínas foram significativamente melhorados até 100% de NPK, mostrando um aumento de 44,95% e 7,66% em relação ao controlo e concluíram também que o rendimento de grãos foi significativamente aumentado com 100% de NPK em conjunto com 10 t de FYM ha^{-1} . Os biofertilizantes, ou seja, Azotobacter + PSB com 10 t FYM ha^{-1} aumentaram significativamente o rendimento do grão de sorgo em relação ao seu efeito individual.

Sujathamma et al. (2015) descobriram que a aplicação de 100% RDF (N: P2O5: K2O 80: 40: 40 kg ha^{-1}) registrou o maior rendimento de grãos (3,75 t ha^{-1}) e rendimentos de palha (14,3 t ha^{-1}) sobre outros níveis de fertilizantes.Dereje et al. (2016) realizaram uma experiência de campo na zona de Assosa, em dois distritos: Bambasi e Assosa, no oeste da Etiópia, durante as estações chuvosas de 2010, 2011 e 2012, para avaliar a resposta da produtividade agrícola do sorgo de sequeiro ao sistema integrado de fornecimento de nutrientes na zona de Assosa. Os resultados mostraram que o rendimento máximo de grãos (4640,4 kg ha^{-1}) foi obtido com a aplicação de 33,3% de composto recomendado + 33,3% de FYM recomendado, ambos com base na equivalência de N + 33,4% de N: P2O5 recomendado, é superior ao resto dos tratamentos.

Yadav e Singh (2016) realizaram uma experiência de campo na Instructional Farm, Rajasthan College of Agriculture, Udaipur (Rajastão) para estudar o efeito da gestão integrada de nutrientes na produtividade do sorgo durante a época de colheita de 2009 e mostraram que a dose recomendada de fertilizante registou uma maior absorção e teor de

NPK no rendimento de grãos e de palha, teor de proteínas, rendimento de proteínas, grãos, palha e rendimento biológico.

Gurjar et al. (2019) realizaram uma experiência de campo em Udaipur, Rajasthan, durante a estação Kharif de 2018, para estudar o efeito de diferentes níveis de fertilidade em genótipos de sorgo forrageiro de corte único. Os resultados indicaram que a aplicação de 125% de FTR produziu o rendimento máximo de forragem verde (55,78 t/ha) e o rendimento de forragem seca (13,87 t/ha), que foram significativamente mais elevados do que 75% de FTR, mas resultaram a par com 100% de FTR.Yadav et al. (2019) realizaram uma experiência no Indian Grassland and Fodder Research Institute, Jhansi, Uttar Pradesh durante a época de kharif de 2015 para estudar o efeito dos níveis de fertilizantes na produtividade da forragem e na qualidade dos genótipos de sorgo multi-corte e os resultados mostraram que entre os níveis de fertilizantes, a aplicação de 125% de FTR aumentou o rendimento de forragem verde e seca em 8.Mwadalu et al. (2022) realizaram uma investigação de campo na subestação Kampi ya Mawe KALRO no condado de Makueni durante 2012 e 2013 para estudar a resposta do sorgo gadam ao estrume de curral e à aplicação de fertilizantes inorgânicos. Relataram que a aplicação de azoto aumentou o rendimento do sorgo mais do que a adição de fósforo. A combinação de N a 75 kg ha^{-1} e P a 50 kg ha^{-1} deu o maior rendimento de grãos de sorgo em Kampi ya Mawe, que foi 135% maior do que o controlo.Qamar et al. (2022) realizaram uma investigação de campo na Universidade Bahauddin Zakariya do Paquistão durante a estação de kharif em 2015 e 2016 para estudar a aplicação de fósforo e potássio melhora o rendimento forrageiro e a qualidade do sorgo em aridisol sob diversas condições climáticas. Os resultados revelaram que a taxa de aplicação de 80-40 NP kg ha^{-1} melhorou significativamente o rendimento e as características de qualidade da forragem de sorgo, exceto a fibra bruta e a fibra detergente ácida e neutra em ambos os locais durante os dois anos de estudo.

2.2 Efeito dos genótipos de sorgo

2.2.1 Efeito dos genótipos de sorgo no crescimento e nos atributos de crescimento

Mali et al. (2000) realizaram uma experiência na Faculdade de Agricultura de Rajasthan, Udaipur, para estudar o rendimento e os retornos monetários de cultivares de sorgo sob diferentes níveis de fertilidade e revelaram que, entre 15 genótipos, o genótipo CSV 15 registou uma altura de planta significativamente mais elevada (258,15 cm), que estava a par do SPV 1022, SPV 1328, SPH 792, SPH 840, SPH 960 e SPH 976, enquanto o híbrido SPH 966 registou os dias mínimos de floração.

Surwenshi et al. (2010) realizaram uma experiência de campo na Universidade de Ciências Agrícolas, Dharwad, durante a estação rabi, para avaliar doze genótipos de sorgo quanto aos parâmetros fisiológicos e ao rendimento em situação de humidade do solo reduzida. Os genótipos RS-29, RS-615, RS-685 e C-43 registaram maior teor de clorofila total, clorofila 'a', clorofila 'b', teor relativo de água (RWC) e cera epicuticular na superfície da folha. Hussain (2011) realizou uma experiência de campo no Centro

Nacional de Investigação Agrícola, Islamabad, Paquistão, em 2010, para estudar o desempenho de variedades de sorgo na região de Potohar. Os resultados indicaram que a altura máxima das plantas (217 cm) foi registada na CSV-15, que foi estatisticamente igual à da SPV-462 (212 cm), YSS-9 (205 cm) e RS-29 (202 cm). Foram registadas plantas de baixa estatura com 157 cm na variedade PRC-SS-2.

Aghaalikhani et al. (2012) realizaram uma experiência na Faculdade de Agricultura da Universidade Tarbiat Modares, Teerão, Irão, durante 2009, para estudar a base fisiológica da diferença de rendimento do sorgo em grão num ambiente semi-árido. Eles revelaram que os genótipos KGS5 e ICSV274 foram os genótipos mais curtos (122,87 cm) e mais altos (165,59 cm), respetivamente.Dhaker et al. (2014) realizaram um ensaio de campo na Universidade Maharana Pratap de Agricultura e Tecnologia, Udaipur, durante a colheita de 2009 a 2010, para estudar a produtividade de genótipos de sorgo de elite sob diferentes populações de plantas e níveis de fertilidade e revelaram que, entre os genótipos de sorgo, o CSH 23 superou em perímetro do caule (8,49 cm) e LAI na colheita (2,63), mas as variações foram iguais às do CSH 16. Dos quatro genótipos de sorgo (CSH 23, CSH 16, CSV 20 e CSV 23) em estudo, o genótipo CSH 16 registou uma acumulação de matéria seca significativamente mais elevada^{-1} do que as restantes cultivares.

Panwar et al. (2014) realizaram uma experiência na Universidade Maharana Pratap de Agricultura e Tecnologia, Udaipur, durante a kharif 2012, para estudar o crescimento, a repartição da matéria seca e o rendimento dos genótipos de sorgo influenciados por diferentes níveis de fertilidade e revelaram que, entre os genótipos de elite, o CSV 23 proporcionou uma altura de planta significativamente mais elevada na colheita (262,84 cm), acumulação de matéria seca em várias fases de crescimento da cultura.

Kumar e Chaplot (2015) realizaram uma experiência de campo durante a estação Kharif de 2013 em Udaipur, Rajasthan, num solo argiloso, para estudar o efeito dos níveis de fertilidade em genótipos multi-cortados de sorgo forrageiro. Os resultados mostraram que a altura máxima da planta e o número de folhas da planta^{-1} foram obtidos no genótipo SPH 1697, que foram significativamente mais elevados do que CSH 24 MF e SSG 59-3.Mishra et al. (2015) realizaram uma experiência de campo em Indore (Madhya Pradesh), Pantnagar (Uttarakhand) e Palem (Andhra Pradesh) para estudar a resposta de genótipos de sorgo doce para biomassa, rendimento de grãos e produção de etanol sob diferentes níveis de fertilidade em condições de sequeiro. Os resultados mostraram que a altura máxima da planta (290 cm) foi encontrada no SPV 2075, que foi significativamente maior do que o SPV 2074 e o CSH 22SS e estava a par do CSV 19SS.

Singh et al. (2016) realizaram uma experiência de campo durante a estação Kharif de 2015 em Udaipur Rajasthan para estudar o efeito dos níveis de fertilidade em genótipos de sorgo forrageiro de corte único. Os resultados revelaram que o genótipo SPH 1752 se revelou significativamente superior em relação à altura da planta, perímetro do caule, n.º de folhas por planta, relação folha: caule do que os genótipos CSH 13, PC 1080, SPV 2185, CSV 20 e 23. Kaur e Satpal (2019) realizaram uma experiência em dois locais, nomeadamente a Universidade Agrícola de Punjab Ludhiyana, Punjab e a Universidade Agrícola CCS Haryana, Hissar, Haryana durante a kharif 2017 para estudar o rendimento e a economia dos genótipos de sorgo de corte único afectados por diferentes níveis de fertilizantes. Os resultados indicaram que o CSV 21F se revelou significativamente superior em termos de altura da planta, número de perfilhos, relação folha: caule em relação aos restantes genótipos (SPH 1822, SPV 2387, SPV 2388, SPV 2316, CSH 12 e CSV 30F).

Meena et al. (2020) realizaram uma experiência de campo em Udaipur Rajasthan durante a estação Kharif de 2019-20 para estudar o efeito dos níveis de fertilidade no crescimento e rendimento do sorgo doce. Os resultados revelaram que o SPVO530 atingiu a altura máxima da planta aos 30, 60 DAS e na colheita em comparação com os genótipos CSV1955 e CCSV2455.

Satpal et al. (2020) realizaram uma experiência de campo durante a estação Kharif de 2019 para estudar o efeito de diferentes níveis de fertilizantes na produção, produtividade, qualidade e economia de genótipos de sorgo forrageiro de corte único. Os resultados revelaram que a altura máxima da planta foi observada no genótipo SPH 1513 sobre SH 514, HJ 513, HJ 541 e CSV 30F.

Tandel et al. (2020) realizaram uma experiência de campo na Universidade de Agricultura de Navsari, Navsari Gujarat, durante a época rabi de 2015-16 a 2017-18, para estudar a resposta das variedades de sorgo forrageiro aos níveis de biofertilizante e azoto. Os resultados mostraram que a variedade GFS5 registou uma altura de planta significativamente mais elevada (176,4 cm), número de folhas da planta^{-1} (8,07) e número de entrenós da planta^{-1} (6,42) do que a variedade CSV-21F.

2.2.2 Efeito dos genótipos de sorgo no rendimento e nos atributos do rendimento

Surwenshi et al. (2010) realizaram uma experiência de campo na Universidade de Ciências Agrícolas, em Dharwad, durante a estação rabi, para avaliar doze genótipos de sorgo quanto aos parâmetros fisiológicos e ao rendimento em situações anteriores de humidade do solo. Os resultados revelaram que os genótipos RS-29, RS-615, RS-685 e C-43 registaram um maior rendimento de grãos.

Hussain (2011) realizou uma experiência de campo no Centro Nacional de Investigação Agrícola, Islamabad, Paquistão, em 2010, para estudar o desempenho das variedades de sorgo na região de Potohar. Os resultados revelaram que as variedades de sorgo diferiam significativamente em termos de rendimento de grãos, rendimento de caules e maturidade. Entre as variedades, SPV-462, CSP-15 e Johar produziram maior rendimento de grãos (4120, 3898 e 3857 kg ha^{-1}) do que outros genótipos testados. Aghaalikhani et al. (2012) realizaram uma experiência na Faculdade de Agricultura da Universidade Tarbiat Modares, Teerão, Irão, durante 2009, para estudar a base fisiológica da diferença de rendimento do sorgo em grão num ambiente semi-árido. Os resultados mostraram que os genótipos KGS5 e KGS31 produziram o maior e o menor rendimento de grãos e biomassa, respetivamente. No que respeita aos componentes do rendimento, os genótipos UT378B e ICSV274 apresentaram o número mais elevado de grãos de panícula^{-1} e o peso de 1000 grãos, respetivamente.Ayub et al. (2012) realizaram uma experiência na Universidade de Agricultura de Faisalabad, no Paquistão, para efetuar estudos comparativos sobre o crescimento, o rendimento forrageiro e a qualidade das variedades de sorgo em condições de regadio e os resultados revelaram que foram observadas diferenças significativas entre os genótipos no que respeita ao rendimento forrageiro e à qualidade. Ghasemi et al. (2012) realizaram um ensaio de campo na Faculdade de Agricultura e Ciências da Vida da Universidade do Arizona, em Tucson, entre 2007 e 2009, para estudar o rendimento e os componentes do rendimento de várias cultivares de sorgo cultivadas numa região árida. Neste estudo, foram utilizadas vinte cultivares de sorgo granífero. Os resultados mostraram que foram encontradas diferenças estatisticamente significativas em todos os parâmetros estudados entre as cultivares. Mostraram também que KGS11 e KGS12 eram as cultivares de maior rendimento entre todas as 20 cultivares estudadas.

Rana et al. (2013) realizaram uma experiência de campo na principal Área de Investigação de Forragens, CCSHAU, Hissar, para avaliar o efeito dos níveis de fertilidade no crescimento, rendimento e qualidade do sorgo forrageiro multicut. Os três genótipos de sorgo (SPH 1626, SPH 1627 e CSH 20MF) foram cultivados com quatro níveis de fertilidade, ou seja, controle, 50% da dose recomendada de fertilizante, 100% RDF (100 kg N + 30 kg $P_2 0_5$ ha) e 150% RDF. O rendimento de forragem verde e matéria seca do CSH 20 MF foi significativamente maior em relação ao SPH 1626 e SPH 1627.

Ghani et al. (2015) realizaram uma experiência de campo na Estação de Investigação Agrícola, Bahawalpur, Paquistão, em 2011, para estudar a avaliação de diferentes variedades de sorgo para o rendimento de grãos e características relacionadas. Oito genótipos de sorgo foram avaliados para o grão e outras características associadas. Os resultados revelaram que as variedades de sorgo diferiam significativamente em termos de rendimento de grão e rendimento forrageiro. Kumar e Chaplot (2015) realizaram uma experiência de campo durante a estação Kharif de 2013 em Udaipur, Rajasthan, em solo argiloso, para estudar o efeito dos níveis de fertilidade em genótipos multi-cortados de sorgo forrageiro. Os resultados mostraram que o SPH 1697 produziu o rendimento total de forragem verde mais elevado (72,54 t ha^{-1}) e o rendimento de forragem seca (21,02 t ha^{-1}) em relação aos restantes genótipos.

Mishra et al. (2015) realizaram uma experiência de campo na Direção de Investigação do Sorgo, Rajendranagar, Hyderabad, durante as estações chuvosas de 2009 e 2010, num desenho de parcelas divididas com 3 níveis de fertilidade. Entre os híbridos 'CSH 16' (3,07 t ha^{-1}) e entre as variedades 'SPV 462' (2,56 t ha^{-1}) produziram os rendimentos máximos de grãos. A eficiência do uso de nutrientes foi maior nos híbridos (6,66 kg de grãos kg^{-1} NPK) do que nas variedades (5,54 kg de grãos kg^{-1} NPK). Sujathamma et al. (2015) realizaram um experimento na Regional Agril, Estação de Pesquisa, Palem durante o kharif 2013 para avaliar a resposta das cultivares de sorgo (Sorghum bicolor L.) a diferentes níveis de fertilizantes em condições de sequeiro com oito cultivares de sorgo (SPH 1703, SPH 1705, SPV 2110, SPV 2122, SPV 2061, CSH 16, CSV 20 e CSV 23) e três níveis de fertilizantes (50% FTR, 75% FTR e 100% FTR). Entre as cultivares, o maior rendimento de grãos (3,9 t ha^{-1}), retornos brutos (Rs 98.800 ha^{-1}), retornos líquidos (Rs. 74.700 ha^{-1}) e relação BC (3,1), bem como a maior absorção de N, P, K por grão foi registada com SPH 1703, que estava a par com SPV 2122.Singh et al. (2016) realizaram uma experiência de campo na Maharana Pratap University of Agriculture & Technology, Udaipur, durante a época de colheita de 2015, para estudar o desempenho de genótipos de sorgo forrageiro de corte único em função dos níveis de fertilidade. Os resultados revelaram que o genótipo de sorgo SPH 1752 registou um rendimento forrageiro verde (62,58 t ha^{-1}) e seco (22,39 t ha^{-1}) significativamente mais elevado do que os genótipos CSH 13, CSV 23, SPV 2185, PC 1080 e CSV 20. Kishore et al. (2017) investigaram o efeito dos níveis de fertilidade no rendimento e nos atributos de rendimento de diferentes genótipos de sorgo durante o kharif 2016 na Fazenda Instrucional, Faculdade de Agricultura de Rajasthan, Universidade de Agricultura e Tecnologia Maharana Pratap, Udaipur em solo calcário. A experiência consistiu em 15 combinações de tratamentos, incluindo cinco genótipos (SPV 2293, SPV 2308, SPV 2307, CSV 17 e CSH 14 com três níveis de fertilidade (75, 100 e 125 % RDF). O CSH 14 registou o peso máximo de 1000 grãos, que foi significativamente superior. Shanti et al. (2017) realizaram uma experiência de campo no Instituto de Investigação Agrícola, Rajendranagar, Hyderabad, para estudar o efeito de diferentes níveis de fertilizantes no rendimento forrageiro e na qualidade dos genótipos de sorgo doce. Verificaram que o genótipo CSV 19 SS registou um maior rendimento em relação aos genótipos SSV 84, CSV 2455, CHS 2255.

Satpal et al. (2018) realizaram uma experiência de campo em Hissar, Haryana, durante 2016, para estudar o efeito de diferentes níveis de fertilizantes em genótipos de sorgo forrageiro multi-corte com cinco genótipos de sorgo multi-corte e três níveis de fertilidade. Os resultados revelaram que o genótipo SSV 593 produziu significativamente um maior rendimento total de forragem verde (68,95 t ha^{-1}) e rendimento de forragem seca (13,32 t ha^{-1}) do que os genótipos SPH 1807, CSH 20 MF, CSH 24 MF e CSV 33 MF.Gurjar et al. (2019) realizaram uma experiência de campo em Udaipur, Rajastão, durante a estação Kharif de 2018, em solo franco-arenoso, para estudar o efeito de diferentes níveis de fertilidade em genótipos de sorgo forrageiro de corte único. Os resultados revelaram que o genótipo SPV 2445 produziu maior rendimento de forragem verde (57,34 t ha^{-1}) e rendimento de forragem seca (14,23 t ha^{-1}) sobre o resto dos genótipos, mas a par do CSV 30F.Tandel et al. (2020) realizaram uma experiência de campo na Universidade Agrícola de Navsari, Navsari Gujarat, durante a época rabi de 2015-16 a 2017-18 para estudar a resposta das variedades de sorgo forrageiro aos níveis de biofertilizante e azoto. Os resultados mostraram que a variedade GFS5 produziu o maior rendimento de forragem verde (279,7 g ha^{-1}) e rendimento de forragem seca (111,72 g ha^{-1}) em comparação com o CSV 21F.Kiran et al. (2022) realizaram uma experiência de campo para estudar a fenotipagem do sorgo para características fisiológicas e arquitectónicas radiculares adaptáveis à seca em ambientes com limitações de água. Os resultados mostraram que o rendimento de grãos foi máximo em Phule Suchitra (80,00 g) seguido por Phule Anuradha (64,00 g).

2.3 Efeito de interação de vários níveis de fertilizante e genótipos de sorgo

Dhaker et al. (2015) realizaram uma experiência na Universidade de Agricultura e Tecnologia Maharana Pratap, Udaipur (Rajastão), durante o kharif 2009, para estudar a resposta de genótipos de sorgo a diferentes densidades de plantas e taxas de aplicação de nutrientes. Os resultados indicaram que o CSH 16 e o CSH 23 e 150% RDF e 150% RDF + 5 t FYM/ ha superaram os respectivos contra-tratamentos no rendimento de grãos. No entanto, CSV 20 e 150% RDF + 5t FYM/ ha registaram um rendimento de palha seca significativamente mais elevado do que os seus respectivos contra-tratamentos.Gurjar et al. (2019) realizaram uma experiência de campo durante a Kharif 2018 em solo franco-arenoso para avaliar o efeito dos níveis de fertilidade em genótipos de sorgo forrageiro de corte único 19. O resultado revelou que o genótipo SPV 2445 com nível de fertilizante 125% RDF produziu maior rendimento em relação ao resto dos tratamentos.Shanti et al. (2019) realizaram uma experiência de campo em Rajendranagar, Hyderabad para estudar a avaliação do sorgo sob níveis variados de fertilizantes para o rendimento e qualidade da forragem. Os resultados revelaram que o híbrido de sorgo CSH 20MF com fertilizante 120 kg N+48 kg P2O5 +36 kg K2O ha^{-1} produziu maior rendimento.Yadav et al. (2019) realizaram uma experiência de campo em Udaipur, Rajasthan, para estudar o efeito dos níveis de fertilidade na produtividade e qualidade dos genótipos de sorgo forrageiro multi-corte. Os resultados revelaram que a aplicação de 100kg N+50kg P2O5+50kg K2O/ha com sorgo multi-corte variedade COFS 29 melhorou a produção de forragem, o rendimento de proteína bruta e os nutrientes digeríveis.Tandel et al. (2020) realizaram uma investigação de campo na Universidade de Agricultura de Navsari, Navsari (Gujarat) para avaliar a resposta das variedades de sorgo forrageiro aos níveis de biofertilizante e azoto. Observaram que a variedade de sorgo GFS-5 fertilizada com 80 N kg/ha e o tratamento de sementes com Azospirillum + PBS registaram maior rendimento e retorno líquido.

2.4 Economia

Dixit et al. (2005) efectuaram uma investigação de campo em Pantnagar, Uttaranchal, durante as épocas de colheita de 1998 e 1999, para estudar o padrão de crescimento e a absorção de nutrientes pelos genótipos de sorgo [Sorghum bicolor (L) Moench] em diferentes níveis de fertilidade e verificaram que o retorno líquido e o rácio benefício/custo eram também mais elevados no 'SPH 960'.

Sharma e Kumar (2009) realizaram uma experiência de campo na Estação de Investigação Agrícola, Gulbarga, em solos verticais durante as épocas rabi de 2001, 2002 e 2003. Os resultados revelaram que a aplicação de FYM a 5 t ha^{-1} + RFR registou uma relação custo-benefício mais elevada (1,51) do que a FYM a 5 t ha^{-1} (1,10). Ramesha et al. (2010) realizaram uma experiência de campo na Universidade de Ciências Agrícolas, GKVK, Bengaluru, Karnataka durante 2008-2009 para estudar o efeito do vermicomposto enriquecido com fósforo na qualidade do sumo e no equilíbrio de nutrientes no solo após a colheita de sorgo doce. A aplicação de 125 kg de N + 50 kg de K + vermicomposto + PSB + VAM produziu um retorno líquido e uma relação B:C significativamente mais elevados, ao mesmo tempo que 125 kg de N + 50 kg de K + VCE com PSB. Meena e Meena (2012) realizaram uma experiência de campo em Avikanagar, Rajastão, para estudar o efeito de cultivares, níveis de azoto e estrume de quintal no desempenho do sorgo forrageiro. O efeito revelou que os rendimentos líquidos máximos (Rs.32070/ha) e o rácio B:C (2,61) foram registados com a aplicação de 120 kg N ha- 1 Singh et al. (2013) realizaram uma experiência de campo durante a estação rabi de 2004 a 2006 na Universidade de Agricultura e Tecnologia Maharana Pratap, Udaipur, Rajastão, para estudar o efeito das práticas de conservação da humidade do solo in situ e a sua interação com os nutrientes no rendimento, na qualidade e na economia do sorgo. Os resultados mostraram que a aplicação de três parcelas iguais de tratamento com azoto revelou um aumento de 11,44 e 11,86 por cento nos rendimentos brutos e líquidos em relação ao sistema de compartimentos. Foi 15,94% superior ao tratamento de controlo.

Kushwaha et al. (2014) realizaram uma experiência na Faculdade de Agricultura, Indore, M.P., durante as estações chuvosas (Kharif 2008 e 2009) para avaliar o efeito da fertilidade, do estrume de quinta e dos bio-inoculantes na produtividade do sorgo. A aplicação de 10 t de FYM ha^{-1} aumentou significativamente a economia do sorgo em relação à ausência de FYM. A inoculação de PSB, Azospirillum e em combinação com bioinoculantes PSB + Azospirillum, ou seja, PSB + Azospirillum, aumentou significativamente os retornos/lucros do sorgo em relação ao seu efeito individual. (2015) realizaram uma experiência na Regional Agril, Research Station, Palem durante o kharif 2013 para avaliar a resposta das cultivares de sorgo e descobriram que os retornos brutos (Rs. 98.800 ha^{-1}), retornos líquidos (Rs. 74.700 ha $^{-1}$) e relação custo-benefício (3,1) foram registados com o SPH 1703, que estava a par com o SPV 2122. Entre os níveis de fertilizantes, a aplicação de 100% RDF (N-P2O5-K2O 80:40:40 kg ha^{-1}) registou os retornos brutos (Rs. 96.700 ha^{-1}), retornos líquidos (Rs. 73.500 ha^{-1}) e rácio de custo-benefício (2,8) sobre os outros níveis de fertilizantes.

Sawargaonkar et al. (2016) realizaram experiências de campo na quinta do ICRISAT em Patancheru durante as estações chuvosas de 2010 e 2011 para estudar a resposta ao azoto e a eficiência da utilização da água das cultivares de sorgo doce. Quatro cultivares de sorgo doce (viz. ICSA 52, SPV 1411, CSH 22 SS e ICSV 93046) foram cultivadas sob seis níveis de nitrogênio (0, 30, 60, 90, 120, 150 kg ha^{-1}) em vertisols durante duas estações de kharif. Os resultados do ensaio de dois anos indicaram que, das três cultivares de sorgo doce, os retornos líquidos máximos foram obtidos com a aplicação de 90 kg N ha^{-1} em comparação com outros níveis de fertilização. Kubsad (2018) realizou uma experiência de campo para estudar a resposta de genótipos de sorgo rabi a diferentes níveis de fertilidade em condições de sequeiro no AICRP sobre sorgo, Estação Principal de Investigação Agrícola, Dharwad (Karnataka) durante o rabi de 2017. A experiência foi realizada num esquema de parcelas divididas, com vinte e quatro combinações de tratamentos e três repetições. Os tratamentos consistiram em oito genótipos nas parcelas principais e três níveis de fertilidade nas subparcelas. A aplicação de 100% RDF registou rendimentos brutos significativamente mais elevados (Rs.1,11,468 ha^{-1}), rendimentos líquidos (Rs.76,413 ha^{-1}) e rácio B: C (3,18) em relação aos restantes tratamentos.

CAPÍTULO - III

MATERIAIS E MÉTODOS

Os pormenores dos materiais utilizados e das técnicas adoptadas durante o curso da investigação sobre o sorgo granífero intitulada **"RESPOSTA DE GENÓTIPOS DE SORGO GRÃO PRÉ-LIBERADO (Sorghum bicolor (L.) MOENCH) a diferentes níveis de fertilizantes"** foram apresentados neste capítulo sob os títulos apropriados.

3.1 Pormenores do material experimental:

3.1.1 Sítio experimental

A experiência foi conduzida durante a estação Kharif de 2022-23 na Estação de Investigação do Sorgo, VNMKV, Parbhani (MS). A topografia do campo experimental era uniforme e nivelada.

3.1.2 Solo

O solo era preto de profundidade média e bem drenado. A topografia do campo experimental era bastante uniforme e nivelada. Foram recolhidas aleatoriamente amostras de solo até 30 cm de diferentes locais do campo antes do início da experiência durante a Kharif 2022-23 e foi preparada uma amostra composta de solo, que foi analisada relativamente a várias propriedades físico-químicas do solo.

Os resultados da análise do solo (Quadro No.3.1) revelaram que o solo da parcela experimental era de textura argilosa, com baixo teor de azoto disponível, médio teor de fósforo disponível e elevado teor de potássio disponível.

Tabela 3.1: Propriedades físico-químicas da amostra composta de solo

Sr. Não	Particularidades	Valor	Método utilizado	Referência
I	Composição mecânica			
A	Areia da pista (%)	10.45	Método internacional de pipetas	(Piper, 1966)
B	Areia fina (%)	13.50		
C	Silte (%)	20.70		
D	Argila (%)	55.35		
II	Composição química			
1.	Carbono orgânico (%)	0.54	Método Walkely e Black	(Jackson, 1967)
2.	N disponível (kg ha-1)	300.00	Permanganato alcalino de potássio	(Subbiah e Asija, 1956)
3.	P2O5 disponível (kg ha-1)	20.80	Método de Olsen	(Olsen et al., 1954)
4.	K2O disponível (kg ha-1)	420.90	Fotómetro de chama	(Piper, 1966)
5.	pH do solo	7.80	Medidor de pH com elétrodo de vidro	(Jackson, 1967)

3.1.3 Condições geográficas e climáticas

Geograficamente, Parbhani está situada a 347 m do nível médio do mar, a 19°26' de latitude norte e 76°77' de longitude leste. As chuvas de inverno são fracas e incertas. A maior parte da precipitação é recebida da monção do sudoeste. A precipitação é garantida para as culturas Kharif. A temperatura máxima média diária varia entre 30,8° C no inverno (dezembro) e cerca de 45° C no verão (maio), enquanto a temperatura mínima média varia entre 11,9° C no inverno e cerca de 24,9° C no verão. A humidade relativa média varia entre 30 e 90 %. Assim, Parbhani tem um verão quente e seco e um inverno fresco. No entanto, os meses de julho, agosto e setembro são húmidos. Por conseguinte, Parbhani está agrupada na zona de precipitação garantida com o padrão de cultivo Kharif. Os dados meteorológicos registados no Observatório Meteorológico, VNMKV, Parbhani durante o período de experimentação são apresentados no Quadro 3.2 e representados na Fig.3.1. Os dados meteorológicos da Tabela 3.2 indicam que as temperaturas máxima e mínima prevaleceram durante a estação de crescimento da cultura entre 25,9-33,6° C e 21,2-23,0° C, respetivamente. A humidade relativa máxima e mínima situou-se entre 85-94 e 54-87 por cento, respetivamente. A precipitação total durante o período experimental foi de 956,9 mm, distribuída por 51 dias de chuva. A evaporação média foi de 3,30 mm, a média de horas de sol brilhante foi de 4,68 horas e a velocidade média do vento foi de 3,90 km hr^{-1}. Em geral, as condições climatéricas foram favoráveis para o crescimento do sorgo Kharif.

3.2 : Dados meteorológicos registados durante o período do presente inquérito (junho de 2022 - outubro de 2022)

Data	MET. Semana	RF (mm)	Dias de chuva	Temperatura (0C)		Humidade (%)		VICE-PRESIDENTE EXECUTIVO (mm)	BSS (Horas)	WS (Km h-1)
				Máximo.	Mínimo	Máximo.	Min.			
25 de junho - 01 de julho	26	64.8	3	33.6	23.0	85	55	4.4	5.0	4.2
02 de julho - 08 de julho	27	65.4	6	30.0	23.0	91	71	3.9	2.9	4.6
09 de julho - 15 de julho	28	255.2	6	25.9	22.0	94	87	1.1	0.0	7.4
16 de julho - 22 de julho	29	34.1	2	30.2	22.7	87	70	3.1	4.5	4.5
23 de julho - 29 de julho	30	91.3	5	28.9	22.2	93	76	1.9	1.4	2.6
30 de julho - 05 de agosto	31	12.3	3	31.7	23.0	87	62	3.7	4.8	2.8
06 Ago -12 Ago	32	48.8	2	28.9	22.5	88	73	2.6	2.1	4.0
13 de agosto - 19 de agosto	33	6.0	1	30.2	21.8	87	65	2.8	4.7	4.0
20 Ago -26 Ago	34	6.6	1	31.6	22.3	85	58	4.4	7.0	4.7
27 de agosto - 02 de setembro	35	3.6	1	32.6	22.5	89	54	4.7	7.0	3.5
03 Set -09 Set	36	120.4	5	31.2	22.3	92	68	3.5	5.6	2.9
10 de setembro - 16 de setembro	37	35.8	3	30.1	22.0	94	74	2.2	3.8	2.9
17 de setembro - 23 de setembro	38	9.3	3	30.7	21.4	90	67	3.0	3.8	4.5
24 de setembro - 30 de setembro	39	47.4	3	32.0	21.2	92	58	4.4	7.7	3.2
01 Out -07 Out	40	11.0	3	31.8	21.4	88	56	4.5	6.7	4.3
08 Out -14 Out	41	57.1	2	31.0	22.1	91	64	3.4	6.3	2.7
15 de outubro - 21 de outubro	42	87.8	2	30.3	21.6	91	62	2.5	6.3	3.5
Total/Média	-	956.9	51	30.63	22.17	89.65	65.88	3.30	4.68	3.90

3.1.4 Historial das culturas no campo experimental

O historial de culturas do campo experimental nos três anos anteriores é apresentado no Quadro 3.3.

Quadro 3.3: Historial de culturas do campo experimental

Ano	Quaresma	Rabi
2018-19	Sorgo	--------------
2019-20	Sorgo	--------------
2020-21	Sorgo	--------------
2021-22	Sorgo	--------------
2022-23	Sorgo de grão (presente inquérito)	--------------

3.2 Pormenores dos métodos experimentais:

3.2.1 Detalhes experimentais

A experiência foi realizada em Split Plot Design durante a estação kharif com duas repetições e trinta e dois tratamentos.

1. Nome da cultura: Sorgo de grão

2. Variedades: SPH-1943, CSH-30, SPV2773, SPV 2776, SPV 2781,

CSV-20, SPV 2620, PP jonna (Palem paccha jonna)

3. Época : Kharif-2022-23

4. Desenho experimental: Desenho de parcelas divididas

5. N.º de replicações02

6. N.º de tratamentos32

7. Total de parcelas experimentais64

8. Tamanho do terreno: Bruto: 4,5 m x 5,1 m

Rede: 2,7 m x 4,5 m

9. Espaçamento - 45 cm x 15 cm

10. Método de sementeira - Dibbling

11. Local - Estação de Investigação de Sorgo, VNMKV, Parbhani.

3.2.2 Detalhes do tratamento

Os pormenores dos tratamentos, juntamente com os símbolos utilizados, são apresentados no Quadro 3.4 e o plano da disposição experimental está representado na Fig.3.2. A atribuição dos tratamentos foi efectuada separadamente.

Tabela 3.4: Detalhes dos tratamentos e símbolos utilizados na experiência.

Parcela principal: Níveis de fertilizante (F)
F_1: Controlo: 00:00:00 NPK Kg ha-1
F_2: 50% RDF: 40:20:20 NPK Kg ha-1
F_3: 100%RDF: 80:40:40 NPK Kg ha-1
F_4: 150% RDF: 120:60:60 NPK Kg ha-1
Subparcela: Genótipos (G)
G1-SPV 2773
G2-SPV 2776
G3-SPV 2781
G4-SPH 1943 (híbrido)
G5-SPV 2620 (Biofortificado)
G6-CSH 30 (híbridos)
G7-CSV 20
G8-PP jonna (Palem paccha jonna) (biofortificado)

3.3 Operações no terreno:

Os pormenores das várias operações culturais efectuadas nas parcelas experimentais durante o período do presente inquérito são apresentados no quadro 3.5.

Quadro 3.5: Calendário das operações de campo efectuadas no decurso do inquérito.

N.º Sr.	Dados	Frequência	Data
1	Lavoura	1	26/05/2022
2	Angustiante	2	5/06/2022 10/06/2022
3	Limpeza	1	11/06/2022
4	Amostra de solo colhida i)Inicial	1	13/06/2022
5	Disposição	1	14/06/2022
6	Aplicação da dose de fertilizante: Basal : Cobertura	2	29/06/2022 26/07/2022
7	Semeadura por diblagem	1	28/06/2022
8	Preenchimento de lacunas	1	09/07/2022
9	Desbaste	1	19/07/2022
10	Monda manual	1	17/07/2022
11	Enxada	1	13/08/2022
12	Colheita	1	20/10/2022

3.3.1 Preparação do terreno e traçado

O terreno foi lavrado com um arado de ferro e, em seguida, gradado duas vezes com uma grade de lâminas comum para obter um solo fino. Depois de atingida a profundidade desejada, o Os detritos remanescentes foram recolhidos para limpar a parcela. A disposição experimental foi preparada como um canteiro plano com um tamanho bruto de parcela de 4,5 m de comprimento e 5,1 m de largura, de acordo com o número de repetições. A amostra de solo foi colhida um dia antes da disposição.

3.3.3 Sementes e sementeiras

A cultura foi semeada em 28th Jun, 2022 depois de receber chuvas suficientes à taxa de 12-15 kg ha^{-1} . As sementes foram semeadas pelo método de cultivo dibbling com um espaçamento de 45 cm x 15 cm para obter uma população óptima de plantas.

3.3.3 Preenchimento de lacunas

O preenchimento das lacunas foi efectuado aos 10 dias após a sementeira, a fim de manter a população de plantas necessária.

3.3.3 Desbaste

O desbaste foi efectuado aos 20 dias após a sementeira para manter uma população uniforme de plantas.

3.3.4 Operações interculturais

Foi efectuada uma monda manual comum a todos os tratamentos como operação intercultural aos 18 dias após a sementeira, a fim de manter as parcelas experimentais limpas e sem ervas daninhas. Também é efectuada uma sacha como operação intercultural.

3.3.5 Aplicação de fertilizantes

O nitrogénio, o fósforo e o potássio foram aplicados nas respectivas parcelas de acordo com as recomendações, utilizando metade da dose de nitrogénio como basal e a restante metade da dose foi aplicada na cobertura (30 DAS) e a dose completa de P2O5 e K2O foi aplicada uniformemente nas linhas abertas para a sementeira.

3.3.6 Irrigação

Como a cultura foi semeada em condições de sequeiro e na época da kharif, não foi efectuada irrigação.

3.3.7 Proteção das plantas

A pulverização de cloropirifos foi efectuada duas vezes para controlar as larvas da broca do caule.

3.3.8 Colheita

A colheita do sorgo foi efectuada aos 114 dias após a sementeira para a produção de grão e de forragem.

3.4 Estudos pré-colheita:

3.4.1 Amostragem inicial do solo

A amostra composta representativa do solo foi recolhida do campo experimental antes do início da experiência. A amostra de solo recolhida foi levada para o laboratório e misturada cuidadosamente. A amostra misturada foi colocada num recipiente de madeira e peneirada através de um peneiro de 0,5 mm. A amostra peneirada de 500 g foi utilizada para conhecer o estado inicial do solo, nomeadamente o pH, o carbono orgânico e o N, P e K disponíveis. O método padrão mencionado no Quadro 3.1 foi adotado para a determinação de todas as propriedades do solo em observação.

3.4.2 Técnica de amostragem

Cinco plantas de cada parcela da rede foram seleccionadas aleatoriamente e etiquetadas para a realização de observações biométricas em diferentes fases de crescimento. As mesmas plantas foram colhidas separadamente para estudos pós-colheita. O calendário das observações biométricas sobre vários parâmetros registados durante o presente estudo é apresentado no quadro 3.6

3.5 Estudos de crescimento e desenvolvimento:

Tabela 3.6: Calendário das observações biométricas registadas durante a experiência.

Sr. Não.	Dados	Frequência	Dias após a sementeira
A)	ESTUDOS PRÉ-COLHEITA		
1. 2.	Estande inicial de plantas Estande final de plantas	1 1	Após o desbaste aos 15 DAS Na colheita
B)	Estudos de crescimento:		
1	Altura da planta (cm)	7	30, 45, 60, 75, 90, 105 e na colheita
2	Número de folhas por planta	7	30, 45, 60, 75, 90, 105 e na colheita
3	Comprimento da folha (cm)	7	30, 45, 60, 75, 90, 105 e na colheita
4	Largura da folha (cm)	7	30, 45, 60, 75, 90, 105 e na colheita
5	Área foliar (dm2)	7	30, 45, 60, 75, 90, 105 e na colheita
6	Índice de área foliar	7	30, 45, 60, 75, 90, 105 e na colheita
7	Dias até 50% de floração (dias)	1	Aos 50% dias de floração

8	Matéria seca da planta (g)	7	30, 45, 60, 75, 90, 105 e na colheita
C)	OBSERVAÇÕES PÓS-COLHEITA		
1	Peso de ensaio (g)	1	Na colheita
2	Rendimento de grãos (kg ha-^{1})	1	Na colheita
3	Rendimento forrageiro (kg ha-^{1})	1	Na colheita
D)	Absorção de nutrientes		
1	Absorção de nutrientes (kg ha-^{1})	1	Na colheita
E)	Estudos económicos		
	Rendimentos monetários brutos , rendimentos monetários líquidos e B:C Rácio	1	Após a colheita

3.5.1 Estande inicial de plantas

A consistência da população de plantas tem um impacto direto na precisão das comparações entre tratamentos. A contagem de emergência foi efectuada através da contagem de plantas reais por metro linear nas parcelas de rede aos 15 DAS e depois transformada em valores de arco-seno.

3.5.2 Estande final das plantas

O número de plantas totais e efectivas por parcela de rede foi registado no momento da colheita do sorgo em grão durante a experimentação e depois transformado em valores de arco-seno.

3.5.3 Altura da planta (cm)

A altura da planta foi medida em cm desde a base da planta até à base da folha mais aberta e registada aos 30, 45, 60, 75, 90, 105 DAS e na colheita.

3.5.4 Número de folhas $^{planta-1}$

O número total de folhas nascidas nas plantas da amostra foi contado e calculado com base na planta e registado aos 30, 45, 60, 75, 90, 105 DAS e na colheita.

3.5.5 Comprimento da folha (cm)

O comprimento da folha da planta foi calculado tomando o comprimento máximo da base até à ponta das folhas verdes e foi registado periodicamente em intervalos de 15 dias a partir de 30th dias após a sementeira, ou seja, 30, 45, 60, 75, 90, 105 DAS e na colheita.

3.5.6 Largura da folha (cm)

A largura da folha da planta foi calculada tomando a largura máxima no ponto mais largo das folhas verdes e foi registada periodicamente a 15 dias de intervalo, ou seja, 30, 45, 60, 75, 90, 105 DAS e na colheita.

3.5.7 Área foliar por planta (^{dm2})

A área foliar da planta foi calculada tomando o comprimento e a largura máximos no ponto mais largo das folhas verdes e multiplicando pelo fator 0,747 (Stickler et al., 1961). A área foliar foi registada periodicamente com um intervalo de 15 dias, começando aos 30th dias após a sementeira, ou seja, 30, 45, 60, 75, 90, 105 DAS e na colheita.

3.5.8 Índice de área foliar

O índice de área foliar foi calculado utilizando as fórmulas dadas por Watson (1947).
Índice de área foliar =Área foliar da planta^{-1} (cm^2) Área do solo da planta^{-1} (cm)^2

3.5.9 Matéria seca $^{planta-1}$ (g)

Para o estudo da matéria seca, foi selecionada aleatoriamente uma planta representativa de cada planta da rede em cada fase da amostragem. Após a remoção das raízes, estas plantas foram recolhidas em sacos de papel castanho separadamente, devidamente etiquetadas, secas ao ar numa primeira fase e depois secas em estufa de ar quente a uma temperatura de 70°C. O peso constante do estande final foi anotado como peso de matéria seca em g por planta e registado aos 30, 45, 60, 75, 90, 105 DAS e na colheita.

3.6 Análise do crescimento das plantas:

Os dados sobre os caracteres de crescimento, nomeadamente AGR para a altura e matéria seca e RGR para a matéria seca por planta, foram posteriormente analisados para determinar as funções de crescimento, não sendo analisados estatisticamente, mas as interferências foram efectuadas sobre os valores médios.

3.6.1 Taxa de crescimento absoluto (TCA)

A taxa de crescimento absoluto de duas variáveis de crescimento, nomeadamente a altura da planta e a matéria seca total da planta, foi calculada segundo a fórmula de Richards (1969).
Os valores médios de AGR para altura da planta e peso de matéria seca por planta foram calculados utilizando a seguinte fórmula.
H2 - H1
AGR (altura da planta) = (cm dia^{-1} planta^{-1}) t2 - t1

W2 - W1
AGR (matéria seca) =(g dia^{-1} planta)$^{-1}$
t2 - t1
Onde, H2, H1 e W2, W1 referem-se à altura da planta (cm) e à planta de acumulação de matéria seca-1 (g) no tempo t2 e t1 (dias) respetivamente. A taxa de crescimento absoluto é o ganho total em altura e peso da planta num intervalo de tempo estipulado.

3.6.2 Taxa de crescimento relativo (RGR)

O crescimento relativo em que a planta adiciona novos materiais às suas substâncias é medido pela taxa de crescimento relativo da acumulação de matéria seca.
Blackman (1919) salientou que o aumento do peso da matéria seca da planta é um processo contínuo de juros compostos, em que o incremento em qualquer intervalo aumenta o capital para o crescimento subsequente. A taxa de incremento foi chamada de taxa de crescimento relativo. Foi calculada pela seguinte fórmula e expressa em g/g/dia.
logeW2-logeW1 RGR (matéria seca) =t2 - t1

Onde W1 e W2 são o peso seco total da planta nos tempos t1 e t2, respetivamente, e loge é o logaritmo natural à base e é 2,3026.

3.7. Estudos pós-colheita:

3.7.1 Peso de ensaio (g)

As plantas de cada parcela da rede foram colhidas e o peso do teste foi medido separadamente para cada genótipo.

3.7.2 Rendimento de grãos (kg $^{ha-1}$)

As plantas de cada parcela da rede foram colhidas e pesadas separadamente. O rendimento de grãos da parcela^{-1} foi expresso em kg. Os dados foram convertidos em rendimento de grãos (kg ha^{-1}).

3.7.3 Rendimento forrageiro (kg $^{ha-1}$)

Após a colheita das parcelas separadamente, o rendimento em grão foi mantido no campo para secagem. Cada parcela de rede foi pesada separadamente e os dados foram convertidos em rendimento forrageiro seco (kg ha^{-1}).

3.8 Estudos económicos:

3.8.1 Custo de cultivo

O custo de cultivo por tratamento (Rs. ha-1) foi calculado tendo em conta os preços de mercado dos factores de produção, conforme indicado no apêndice.

3.8.2 Rendimentos monetários brutos

Os rendimentos monetários brutos por tratamento (Rs. ha^{-1}) foram calculados tendo em conta o preço de mercado prevalecente do produto durante o ano de experimentação.

3.8.3 Rendimentos monetários líquidos

Os rendimentos monetários líquidos (Rs. ha^{-1}) de cada tratamento foram calculados deduzindo o custo médio de cultivo (Rs. ha^{-1}) de cada tratamento dos rendimentos monetários brutos (Rs. ha^{-1}) obtidos com os respectivos tratamentos.

3.8.2 Rácio benefício/custo

O rácio benefício/custo de cada tratamento foi calculado dividindo os rendimentos monetários brutos pelo custo médio de cultivo.
Rendimentos monetários brutos (Rs. ha)$^{-1}$

Rácio B: C =Custo de cultivo (Rs. ha)$^{-1}$

3.9 Análise estatística para interpretação dos dados:

Os dados relativos a vários parâmetros, nomeadamente crescimento, rendimento, qualidade e economia, foram tabulados e analisados estatisticamente através da técnica de análise de variância. A significância do teste F foi efectuada como indicado por Panse e Sukhatme (1985). Nos dados tabulares, os valores da diferença crítica (CD) foram apresentados para comparação apenas nos casos em que o teste 'F' foi significativo e os valores de C.D. não são relatados quando o teste 'F' não foi significativo, apenas os valores de erro padrão (S.E.) foram apresentados.

CAPÍTULO - IV

RESULTADOS E DISCUSSÃO

A presente investigação, intitulada "Resposta de genótipos de sorgo de grão pré-libertado [Sorghum bicolor (L.) Moench] a diferentes níveis de fertilizantes", foi realizada durante a época de kharif de 2022-23. Os dados obtidos na experiência foram devidamente analisados e são discutidos neste capítulo nos seguintes subtítulos.

4.1 Suporte de plantas:

4.1.1 Contagem de emergência e estande final de plantas

Os dados sobre a contagem média de emergência aos 15 dias após a sementeira e o estande final de plantas de sorgo na colheita, influenciados por vários níveis de fertilizantes e genótipos, são apresentados no Quadro 4.1.

Suporte de plantas

Estande inicial e final das plantas

A população de plantas registada na fase inicial e na colheita mostra a consistência do stand da cultura. O stand das plantas no momento da colheita afecta diretamente o rendimento. Os dados relativos ao estande médio inicial e final das plantas em função dos níveis de fertilizante e dos genótipos de sorgo são apresentados no Quadro 4.1. Regista-se que o estande médio inicial e final das plantas de sorgo foi de 92,70% e 91,90%, respetivamente.

Efeito dos níveis de fertilizante

A população inicial de plantas e a população final de plantas ha^{-1} de sorgo em grão não foram afectadas significativamente em relação aos níveis de fertilizante. No entanto, a aplicação de 150 % de FTR ha^{-1} registou uma população inicial de plantas e um stand final de plantas numericamente mais elevados (95,95 por cento e 95,47 por cento), respetivamente, do que os outros níveis de fertilizante.

Efeito dos genótipos de sorgo de grão

A população de plantas registada não diferiu significativamente em relação aos genótipos de sorgo. No entanto, o genótipo de sorgo PP jonna registou uma maior contagem inicial de plantas (95,39%) e um maior número final de plantas (93,01%).

Tabela 4.1: Estande médio inicial e estande final de plantas (valores Arcsine) de sorgo granífero influenciado por diferentes tratamentos.

Tratamento	Estande de plantas (%)	
	Estande inicial de plantas (Valores do arco-seno)	estande final de plantas (Valores do arco-seno)
Parcela principal: Níveis de fertilizante (F)		
F1:0% RDF (00:00:00)	70.27 (88.60)	69.26 (87.45)
F2:50% RDF (40:20:20)	73.12 (91.57)	72.19 (90.64)
F3:100% RDF (80:40:40)	76.59 (94.62)	75.87 (94.04)
F4:150% RDF (120:60:60)	78.39 (95.95)	77.71 (95.47)
SE(m) +	4.81	4.65
CD a 5%	NS	NS
Subparcela: Genótipos (G)		
G1-SPV 2773	72.39(90.84)	72.30 (90.76)
G2-SPV 2776	72.39(90.84)	72.00(90.45)
G3-SPV 2781	73.27 (91.71)	72.88(91.33)
G4-SPH 1943	74.22(92.61)	73.34(91.78)
G5-SPV 2620	76.80(94.79)	74.68(93.01)
G6-CSH 30	75.03(93.32)	73.75(92.17)
G7-CSV 20	75.03(93.32)	74.29(92.67)
G8-PP jonna	77.60(95.39)	74.71(93.05)
SE(m) +	2.62	2.28
CD a 5%	NS	NS
Interação (FXG)		
SE(m) +	5.24	4.55
CD a 5%	NS	NS
G. Média	74.30 (92.70)	73.40 (91.90)

*Os valores entre parênteses indicam valores percentuais

Interação

Os efeitos da interação entre os genótipos de sorgo e os níveis de fertilizante em relação à população inicial e final de plantas de sorgo não foram significativos.

4.2 Estudos de crescimento e desenvolvimento das culturas:

4.2.1 Altura da planta (cm)

A altura da planta é uma caraterística agronómica importante que afecta diretamente o rendimento da cultura. Os dados relacionados com o efeito dos vários tratamentos na altura das plantas são apresentados no Quadro 4.2 e representados graficamente na Fig.4.1. Observa-se a partir dos dados que a altura dos genótipos de sorgo granífero aumentou progressivamente em todas as fases de crescimento. A altura média das plantas registada foi de 20,71, 61,49, 16,38, 148,93, 182,97 188,28 e 192,12 cm aos 30, 45, 60, 75, 90, 105 DAS e na colheita, respetivamente.

Quadro 4.2: Altura média das plantas (cm) de sorgo granífero em várias fases de crescimento da cultura, influenciada por diferentes tratamentos

Tratamento	Altura da planta (cm)						
	30 DAS	45 DAS	60 DAS	75 DAS	90 DAS	105 DAS	Em colheita
Parcela principal: Níveis de fertilizante (F)							
F1:0% RDF (00:00:00)	19.19	46.76	80.89	113.25	139.13	143.17	146.09
F2:50% RDF (40:20:20)	19.70	60.61	104.86	146.81	180.36	185.59	189.38
F3:100% RDF (80:40:40)	21.59	68.92	119.23	166.92	205.07	211.02	215.33
F4:150% RDF (120:60:60)	22.35	69.68	120.54	168.76	207.33	213.34	217.70
SE(m) +	0.54	1.82	3.14	4.40	5.40	5.56	5.67
CD a 5%	NS	5.31	9.20	12.80	15.6	16.06	16.49
Subparcela: Genótipos (G)							
G1-SPV 2773	19.94	52.94	91.59	128.23	157.54	162.10	165.41
G2-SPV 2776	20.78	51.60	89.27	124.98	153.55	158.01	161.23
G3-SPV 2781	21.02	57.25	99.04	138.66	170.35	175.29	178.87
G4-SPH 1943	21.53	62.75	108.56	151.98	186.72	192.13	196.05
G5-SPV 2620	20.87	67.08	116.05	162.47	199.61	205.39	209.59
G6-CSH 30	20.14	63.88	110.50	154.71	190.07	195.58	199.57
G7-CSV 20	20.67	67.06	116.01	162.41	199.53	205.32	209.51
G8-PP jonna	20.71	69.38	120.02	168.03	206.43	212.42	216.75
SE(m) +	0.64	2.42	4.18	5.85	7.19	7.40	7.55
CD a 5%	NS	7.00	12.10	16.94	20.82	21.42	21.86
Interação (FXG)							
SE(m) +	1.29	4.83	8.36	11.70	14.37	14.79	15.09
CD a 5%	NS	NS	NS	NS	NS	NS	NS
G. Média	20.71	61.49	106.38	148.93	182.97	188.28	192.12

Efeito dos níveis de fertilizante

Os dados mostraram que os níveis de fertilidade não tiveram efeito significativo na altura da planta até 30 dias, mas tiveram efeito significativo aos 45, 60, 75, 90, 105 DAS e na colheita. Aos 45 DAS, a aplicação de 150% FTR (217,70 cm) registou a altura máxima da planta na colheita, que foi igual à aplicação de 100% FTR (215,33 cm). A menor altura de planta foi observada com a aplicação de 0% FTR (146,09 cm). A tendência foi exatamente a mesma aos 60, 75, 90, 105 DAS e na colheita.

A altura da planta aumentou devido à maior disponibilidade de nutrientes, o que levou a um melhor ambiente nutricional na zona radicular para o crescimento e desenvolvimento. A altura da planta aumentou com o aumento dos níveis de fertilizante. Resultados semelhantes foram registados por Yadav et al. (2009), Singh et al. (2012) e Shroff e Patel (2020).

Efeito dos genótipos de sorgo de grão

Os genótipos apresentam diferenças significativas no que respeita à altura das plantas. O genótipo PP jonna registou a altura máxima da planta, ou seja, 69,38 cm, 120,02 cm, 168,03 cm, 206,43 cm, 212,42 cm, 216,75 cm aos 45, 60, 75, 90, 105 DAS e na colheita em todas as fases de crescimento, respetivamente, e foi igual ao SPH 1943, SPV 2620, CSH 30 e CSV 20. A altura de planta mais baixa foi observada na SPV 2776.

A variação na altura das plantas deveu-se à diferença na composição genética das variedades. Anteriormente, outros investigadores também notaram a variação entre os genótipos de sorgo de grão. Resultados semelhantes foram registados por Mali et al. (2000), Hussain (2011) e Meena et al. (2020).

Interação

Os efeitos da interação entre os genótipos de sorgo e os níveis de fertilizante na altura das plantas não foram significativos em todas as fases de crescimento.

4.2.2 Taxa média de crescimento absoluto (TCA) para a altura da planta (cm dia^{-1} planta)$^{-1}$

Os valores médios da taxa de crescimento absoluto para a altura da planta em várias fases de crescimento da cultura durante o inquérito são apresentados no Quadro 4.3.

Efeito dos níveis de fertilizante

Os dados indicam que a taxa de crescimento absoluto da altura da planta foi rápida até 0-30 dias e muito rápida entre 31-45 dias e mostrou uma tendência decrescente depois até a colheita. Numericamente, 150% de FTR (120:60:60 kg NPK ha^{-1}) (F4) registou o maior valor de taxa de crescimento absoluto, seguido de 100% de FTR (80:40:40 kg NPK ha^{-1}). Enquanto o controlo registou os valores mais baixos de AGR em todos os dias de observação.

Efeito dos genótipos de sorgo de grão

Entre os diferentes genótipos, o PP jonna resultou numa taxa de crescimento absoluta média máxima em todas as fases do intervalo de crescimento e o valor mais baixo de AGR registado em

SPV 2776 em todos os dias de observação.

Tabela 4.3: Taxa média de crescimento absoluto (AGR) (cm dia^{-1} $planta^{-1}$) para a altura da planta influenciada por diferentes tratamentos em vários estágios de crescimento da cultura

Tratamento	Taxa média de crescimento absoluto (cm dia-1 planta-1)						
	0-30 DAS	31-45 DAS	46-60 DAS	61-75 DAS	75-90 DAS	91-105 DAS	106-At colheita
Parcela principal: Níveis de fertilizante (F)							
F1:0% RDF (00:00:00)	0.640	1.838	2.276	2.157	1.726	0.269	0.195
F2:50% RDF (40:20:20)	0.657	2.727	2.950	2.796	2.237	0.349	0.253
F3:100% RDF (80:40:40)	0.720	3.155	3.354	3.179	2.544	0.396	0.287
F4:150% RDF (120:60:60)	0.745	3.155	3.391	3.214	2.572	0.401	0.290
Subparcela: Genótipos (G)							
G1-SPV 2773	0.665	2.200	2.577	2.442	1.954	0.305	0.221
G2-SPV 2776	0.693	2.055	2.511	2.381	1.905	0.297	0.215
G3-SPV 2781	0.701	2.415	2.786	2.641	2.113	0.329	0.238
G4-SPH 1943	0.718	2.748	3.054	2.895	2.316	0.361	0.261
G5-SPV 2620	0.696	3.081	3.265	3.095	2.476	0.386	0.279
G6-CSH 30	0.671	2.916	3.109	2.947	2.357	0.367	0.266
G7-CSV 20	0.689	3.093	3.263	3.093	2.475	0.386	0.279
G8-PP jonna	0.690	3.244	3.376	3.201	2.560	0.399	0.289
G. Média	0.695	2.799	3.058	2.899	2.319	0.361	0.262

4.2.3 Número de folhas da $planta^{-1}$

As folhas são os constituintes mais importantes das plantas. A principal função das folhas é produzir alimento para a planta através da fotossíntese. Os dados relativos ao número de folhas da $planta^{-1}$ registados em várias fases de crescimento da cultura, afectados pelos níveis de fertilidade e pelos genótipos de sorgo, são apresentados no Quadro 4.4. O número médio de folhas funcionais foi de 4,25, 5,53, 7,22, 8,60, 7,01, 5,19 e 2,59 aos 30, 45, 60, 75, 90, 105 e na colheita, respetivamente.

Efeito dos níveis de fertilizantes

Nenhuma diferença significativa foi encontrada durante o estágio inicial até 30 dias. No entanto, o número de folhas da $planta^{-1}$ aumentou significativamente com o aumento dos níveis de fertilidade. O número máximo de folhas da $planta^{-1}$ foi registado com a aplicação de 150% RDF (10,16) aos 75 DAS e foi igual a 100% RDF (9,86). O número significativamente mais baixo de folhas foi observado com a aplicação de 0% RDF (6,30) aos 75 DAS.

O maior número de folhas por planta pode ser devido ao crescimento favorável do sorgo e aumentou com o aumento dos níveis de fertilizantes. Estas conclusões estão em conformidade com os resultados de Akbari et al. (2000), Ahmed et al. (2007) e Meena et al. (2013).

Tabela 4.4: Número médio de folhas da planta^{-1} de sorgo granífero em várias fases de crescimento da cultura, influenciado por diferentes tratamentos

Tratamento	Número médio de folhas funcionais planta-1						
	30 DAS	45 DAS	60 DAS	75 DAS	90 DAS	105 DAS	Em colheita
Parcela principal: Níveis de fertilizante (F)							
F1:0% RDF (00:00:00)	3.94	4.05	5.30	6.30	5.75	4.25	2.13
F2:50% RDF (40:20:20)	4.05	5.18	6.77	8.06	6.76	5.01	2.50
F3:100% RDF (80:40:40)	4.44	6.38	8.29	9.86	7.69	5.69	2.85
F4:150% RDF 120:60:60)	4.59	6.53	8.54	10.16	7.84	5.80	2.90
SE(m) +	0.11	0.07	0.09	0.11	0.2	0.12	0.06
CD a 5%	NS	0.20	0.25	0.30	0.46	0.34	0.16
Subparcela: Genótipos (G)							
G1-SPV 2773	4.10	5.07	6.39	7.60	6.11	4.52	2.26
G2-SPV 2776	4.27	4.90	6.10	7.26	5.59	4.14	2.07
G3-SPV 2781	4.32	5.07	6.61	7.87	6.28	5.14	2.32
G4-SPH 1943	4.42	5.42	7.08	8.43	6.95	4.65	2.57
G5-SPV 2620	4.29	6.09	7.94	9.45	7.90	5.85	2.92
G6-CSH 30	4.14	5.92	7.73	9.22	7.50	5.55	2.77
G7-CSV 20	4.25	5.93	7.74	9.20	7.72	5.71	2.86
G8-PP jonna	4.25	6.28	8.19	9.75	8.02	5.94	2.97
SE(m) +	0.13	0.21	0.27	0.32	0.23	0.17	0.08
CD a 5%	NS	0.60	0.79	0.94	0.65	0.48	0.24
Interação (FXG)							
SE(m) +	0.26	0.42	0.54	0.65	0.45	0.333	0.17
CD a 5%	NS	NS	NS	NS	NS	NS	NS
G. Média	4.25	5.53	7.22	8.60	7.01	5.19	2.59

Efeito dos genótipos de sorgo de grão

O número de folhas da planta^{-1} nos genótipos de sorgo em grão não foi significativo aos 30 DAS. Os dados mostraram que, entre os genótipos de sorgo, o genótipo Palem Pacha jonna registou um maior número de folhas da planta^{-1} aos 75 DAS e foi igual ao SPV 2620, CSH 30 e CSV 20 em todos os dias de observação.

O menor número de folhas da planta^{-1} foi encontrado no genótipo SPV 2776. Resultados semelhantes também foram relatados por Kumar e Chaplot (2015) e Tandel et al. (2020).

Interação

O efeito da interação entre os genótipos de sorgo e os níveis de fertilidade no que se refere ao número de folhas funcionais da planta^{-1} foi considerado não significativo.

4.2.4. Comprimento da folha (cm)

Os dados relativos ao comprimento médio das folhas registados em todas as fases de crescimento da cultura são apresentados no Quadro 4.5. O comprimento médio das folhas foi de 28.36, 56.81, 70.74, 74.05, 78.23, 78.62 e 78.73 aos 30, 45, 60, 75, 90, 105 DAS e na colheita, respetivamente.

Tabela 4.5: Comprimento médio das folhas (cm) do sorgo granífero em várias fases de crescimento da cultura, influenciado por diferentes tratamentos

Tratamento	Comprimento médio das folhas (cm)						Na colheita
	30 DAS	45 DAS	60 DAS	75 DAS	90 DAS	105 DAS	
Parcela principal: Níveis de fertilizante (F)							
F1:0% RDF (00:00:00)	26.28	36.69	44.42	46.33	48.90	49.05	49.14
F2:50% RDF (40:20:20)	26.98	58.82	71.33	74.84	79.05	79.50	79.66
F3:100% RDF (80:40:40)	29.57	64.70	82.15	86.21	91.14	91.59	91.77
F4:150% RDF (120:60:60)	30.61	67.03	85.09	88.81	93.83	94.36	94.36
SE(m) +	0.73	1.05	2.61	2.93	2.71	2.88	2.66
CD a 5%	NS	3.02	7.52	8.42	7.79	8.29	7.65
Subparcela: Genótipos (G)							
G1-SPV 2773	27.30	43.93	57.37	60.41	63.76	63.93	64.06
G2-SPV 2776	28.46	40.38	53.21	56.03	59.12	59.40	59.52
G3-SPV 2781	28.79	49.10	64.19	67.59	71.65	72.00	72.15
G4-SPH 1943	29.49	53.82	77.00	80.20	84.70	85.13	85.30
G5-SPV 2620	28.59	69.32	77.76	82.81	87.54	88.16	88.03
G6-CSH 30	27.58	56.95	75.56	79.03	83.45	83.80	83.97
G7-CSV 20	28.30	68.52	78.64	79.74	84.16	84.58	84.73
G8-PP jonna	28.36	72.43	82.23	86.59	91.46	91.98	92.11
SE(m) +	0.88	2.54	3.34	3.35	3.31	3.56	3.79
CD a 5%	NS	7.36	9.68	9.69	9.59	10.31	10.97
Interação (FXG)							
SE(m) +	1.76	5.08	6.68	6.69	6.62	7.12	7.58
CD a 5%	NS	NS	NS	NS	NS	NS	NS
G. Média	28.36	56.81	70.74	74.05	78.23	78.62	78.73

Efeito dos níveis de fertilizante

O aumento dos níveis de fertilidade teve um efeito significativo no comprimento das folhas, exceto aos 30 DAS. O comprimento máximo da folha foi registado com a aplicação de 150% RDF e foi igual à aplicação de 100% RDF em todas as fases de crescimento em todas as fases de crescimento da cultura, exceto aos 30 DAS. O menor comprimento de folha foi observado com a aplicação de 0% FTR. A aplicação de um nível mais elevado de fertilizante aumentou a formação fotossintética da cultura, resultando num maior comprimento da folha.

Efeito dos genótipos de sorgo de grão

Os dados indicam que o genótipo PP jonna registou o comprimento máximo da folha, ou seja, 28,36, 72,43, 82,23 cm, 86,59 cm, 91,46 cm, 91,98 cm e 92,11 cm aos 30, 45, 60, 75,90, 105 DAS e na colheita, respetivamente, em relação a outros genótipos em várias fases de crescimento e foi encontrado a par com SPH 1943, SPV 2620, CSH 30 e CSV 20 aos 60, 75, 90, 105 DAS e na colheita e com SPV 2620 e CSV 20 aos 45 DAS. O menor comprimento de folha foi observado no SPV 2776.

Interação

O efeito da interação entre os genótipos de sorgo e os níveis de fertilidade com referência ao comprimento das folhas foi considerado não significativo em todas as fases de crescimento da cultura.

4.2.5. Largura da folha (cm)

Os dados sobre a largura das folhas do sorgo em grão, afectados pelos níveis de fertilizante e pelos genótipos de sorgo em grão registados em todas as fases de crescimento, são apresentados no Quadro 4.6. A largura média das folhas foi de 2.84, 4.95, 5.31, 6.14, 6.44, 6.75 e 6.80 aos 30, 45, 60, 75, 90, 105 DAS e na colheita, respetivamente.

Efeito dos níveis de fertilizante

A largura da folha do sorgo foi significativamente afetada pelos níveis de fertilizante. A largura máxima da folha foi registada com a aplicação de 150% FTR, no entanto, foi encontrada a par com a aplicação de 100% FTR (7,89 cm na colheita) em todas as fases de crescimento. Ambos os níveis de fertilizante foram significativamente superiores aos níveis de 50% e 0% de fertilizante. A aplicação de um nível mais elevado de fertilizante aumentou a formação fotossintética da cultura, resultando numa maior largura da folha.

Efeito dos genótipos de sorgo de grão

Os dados mostram que o genótipo PP jonna registou uma largura máxima das folhas de 5,76, 6,17, 7,15, 7,49, 7,85 e 7,90 cm aos 30, 45, 60, 75, 90, 105 DAS e na colheita respetivamente, e foi encontrado a par com SPH 1943, SPV 2620, CSH 30 e CSV 20. A altura de planta mais baixa foi observada no SPV 2776.

Tabela 4.6: Largura média das folhas (cm) do sorgo granífero em várias fases de crescimento da cultura, influenciada por diferentes tratamentos.

Tratamento	Largura média das folhas (cm)						Na colheita
	30 DAS	45 DAS	60 DAS	75 DAS	90 DAS	105 DAS	
Parcela principal: Níveis de fertilizante (F)							
F1:0% RDF (00:00:00)	2.63	3.11	3.33	3.86	4.04	4.24	4.27
F2:50% RDF (40:20:20)	2.70	4.99	5.35	6.20	6.49	6.80	6.85
F3:100% RDF (80:40:40)	2.96	5.75	6.16	7.13	7.48	7.84	7.89
F4:150% RDF (120:60:60)	3.06	5.96	6.38	7.39	7.75	8.12	8.18
SE(m) +	0.07	0.18	0.20	0.23	0.24	0.25	0.25
CD a 5%	NS	0.53	0.58	0.66	0.71	0.73	0.72
Subparcela: Genótipos (G)							
G1-SPV 2773	2.73	4.02	4.30	4.98	5.22	5.47	5.51
G2-SPV 2776	2.85	3.72	3.99	4.62	4.84	5.08	5.11
G3-SPV 2781	2.88	4.49	4.81	5.57	5.84	6.12	6.17
G4-SPH 1943	2.86	5.29	5.67	6.56	6.88	7.21	7.26
G5-SPV 2620	2.76	5.50	5.90	6.83	7.16	7.50	7.55
G6-CSH 30	2.83	5.39	5.77	6.69	7.01	7.34	7.40

G7-CSV 20	2.95	5.44	5.83	6.75	7.08	7.42	7.47
G8-PP jonna	2.84	5.76	6.17	7.15	7.49	7.85	7.90
SE(m) +	0.09	0.23	0.25	0.29	0.30	0.32	0.32
CD a 5%	NS	0.68	0.73	0.84	0.88	0.92	0.93
Interação (FXG)							
SE(m) +	0.18	0.47	0.50	0.58	0.61	0.64	0.64
CD a 5%	NS	NS	NS	NS	NS	NS	NS
G. Média	2.84	4.95	5.31	6.14	6.44	6.75	6.80

Interação

O efeito da interação entre os genótipos de sorgo e os níveis de fertilizante no que se refere à largura das folhas não foi significativo em todas as fases de crescimento da cultura.

4.2.6. Área foliar da planta^{-1} (dm)^2

Os dados referentes à área foliar média da planta^{-1} do sorgo granífero, determinados pelos genótipos de sorgo granífero e níveis de fertilizante, são apresentados no Quadro 4.7. A área foliar média por planta observada foi de 10.13, 18.45, 28.90, 36.79, 32.37, 25.50 e 17.81 dm^2 em
30, 45, 60, 75, 90, 105 DAS e na colheita, respetivamente.

Tabela 4.7: Área foliar média da planta^{-1} (dm^2) de sorgo granífero em várias fases de crescimento da cultura, influenciada por diferentes tratamentos

Tratamento	área foliar planta-1 (dm2)						
	30 DAS	45 DAS	60 DAS	75 DAS	90 DAS	105 DAS	Na colheita
Parcela principal: Níveis de fertilizante (F)							
F1:0% RDF (00:00:00)	9.39	13.49	21.18	26.96	23.73	18.69	13.06
F2:50% RDF (40:20:20)	9.64	17.26	27.10	34.50	30.36	23.92	16.70
F3:100% RDF (80:40:40)	10.56	21.28	33.14	42.19	37.13	29.25	20.43
F4:150% RDF (120:60:60)	10.93	21.76	34.17	43.50	38.28	30.15	21.06
SE(m) +	0.26	0.23	0.35	0.45	0.40	0.31	0.25
CD a 5%	NS	0.67	1.02	1.30	1.16	0.91	0.71
Subparcela: Genótipos (G)							
G1-SPV 2773	9.75	16.32	25.56	32.54	28.64	22.56	15.75
G2-SPV 2776	10.28	15.59	24.42	31.09	27.36	21.55	15.07
G3-SPV 2781	10.16	16.89	26.45	33.67	29.63	23.35	16.30
G4-SPH 1943	10.11	18.08	28.32	36.05	31.73	24.99	17.46
G5-SPV 2620	10.21	20.29	31.78	40.45	35.60	28.04	19.58
G6-CSH 30	9.85	19.73	30.91	39.35	34.62	27.28	19.04
G7-CSV 20	10.53	19.78	30.98	39.44	34.70	27.34	19.08
G8-PP jonna	10.13	20.92	32.77	41.71	36.71	28.92	20.20
SE(m) +	0.31	0.69	1.09	1.38	1.22	0.96	0.67
CD a 5%	NS	2.00	3.14	4.00	3.52	2.77	1.93
Interação (FXG)							
SE(m) +	0.63	1.38	2.17	2.76	2.43	1.92	1.34
CD a 5%	NS	NS	NS	NS	NS	NS	NS
G. Média	10.13	18.45	28.90	36.79	32.37	25.50	17.81

Efeito dos níveis de fertilizante

Não foram encontradas diferenças significativas durante a fase inicial, ou seja, aos 30 DAS. A aplicação de 150% de FTR produziu uma área foliar maior, que foi igual à aplicação de 100% de FTR. A área foliar mais baixa da planta^{-1} foi registada com o nível mais baixo de fertilizante em todas as fases de crescimento. O aumento dos níveis de fertilizante aumentou significativamente a área foliar das plantas. Isso pode ser devido ao aumento da taxa de expansão da área foliar. Resultados semelhantes foram registados por Ahmed et al. (2007) e Kushwaha et al. (2014).

Efeito dos genótipos de sorgo de grão

Área foliar da planta^{-1} dos genótipos de sorgo granífero foi considerada não significativa aos 30 DAS. O genótipo PP jonna mostrou a área foliar máxima da planta^{-1} i.e. 20.92 dm^2 ,32.77 dm^2 , 41.71 dm^2 , 36.71 dm^2 , 28.92 dm^2 e 20.20 dm^2 aos 45, 60, 75, 90, 105 DAS e na colheita respetivamente e foi encontrado a par com SPV 2620, CSH 30 e CSV 20.A planta com menor área foliar^{-1} foi observada na SPV 2776 em todas as fases de crescimento. Resultados semelhantes foram relatados por Meena e Meena (2012).

Interação

O efeito da interação entre os genótipos de sorgo e os níveis de fertilidade, no que se refere à área foliar da planta^{-1} , foi considerado não significativo em todas as datas de observação.

4.2.7 Índice de área foliar

Os dados sobre o índice de área foliar influenciado pelos níveis de fertilizantes e genótipos de sorgo em vários estágios de crescimento são apresentados na Tabela 4.8. A média do índice de área foliar por planta foi de 1,56, 2,84, 4,45, 5,66, 4,98, 3,92 e 2,74 aos 30, 45, 60, 75, 90, 105 DAS e na colheita, respetivamente.

Efeito dos níveis de fertilizante

O índice de área foliar do sorgo granífero foi significativamente influenciado por diferentes níveis de fertilizante. Os dados revelam que a aplicação de 150% de FTR registou valores mais elevados de índice de área foliar do que os outros níveis de fertilizante, que foi igual a 100% de FTR. O índice de área foliar significativamente mais baixo foi registado com a aplicação de 0% FTR aos 45 DAS. A tendência foi exatamente a mesma aos 60, 75, 90, 105 DAS e na colheita. Resultados semelhantes foram relatados por Patidar et al. (2004), Shahrajabian (2011) e Elamin e Madhavi (2015).

Efeito dos genótipos de sorgo de grão

O índice de área foliar do sorgo granífero foi considerado não significativo aos 30 dias. Entre os diferentes genótipos, o genótipo PP jonna registou um valor mais elevado de índice de área foliar, ou seja, 3,07, 4,83, 6,14, 6,27, 6,29 e 2,98 aos 45, 60, 75, 90, 105 DAS e na colheita, que foi encontrado a par com SPV 2620, CSH 30 e CSV 20. A variação na área foliar da planta^{-1} pode ser devida ao seu constituinte genético. Resultados semelhantes foram registados por Dhaker et al. (2014).

Tabela 4.8: Índice médio de área foliar da planta-1 do sorgo granífero em várias fases de crescimento da cultura, influenciado por diferentes tratamentos

Tratamento	Índice de área foliar						Na colheita
	30 DAS	45 DAS	60 DAS	75 DAS	90 DAS	105 DAS	
Parcela principal: Níveis de fertilizante (F)							
F1:0% RDF (00:00:00)	1.39	2.00	3.14	3.99	4.08	4.09	1.93
F2:50% RDF (40:20:20)	1.43	2.56	4.01	5.11	5.22	5.23	2.47
F3:100% RDF (80:40:40)	1.56	3.07	4.81	6.13	6.26	6.28	2.97
F4:150% RDF (120:60:60)	1.62	3.22	5.06	6.44	6.58	6.60	3.12
SE(m) +	0.04	0.03	0.05	0.06	0.06	0.06	0.03
CD a 5%	NS	0.14	0.22	0.29	0.29	0.29	0.16
Subparcela: Genótipos (G)							
G1-SPV 2773	1.44	2.40	3.77	4.79	4.89	4.91	2.32
G2-SPV 2776	1.52	2.29	3.60	4.58	4.68	4.69	2.22
G3-SPV 2781	1.51	2.48	3.90	4.96	5.06	5.08	2.40
G4-SPH 1943	1.50	2.66	4.17	5.31	5.42	5.44	2.57
G5-SPV 2620	1.51	2.98	4.68	5.96	6.08	6.10	2.88
G6-CSH 30	1.46	2.90	4.55	5.80	5.92	5.94	2.81
G7-CSV 20	1.56	2.91	4.56	5.81	5.93	5.95	2.81
G8-PP jonna	1.50	3.07	4.83	6.14	6.27	6.29	2.98
SE(m) +	0.05	0.10	0.16	0.20	0.21	0.21	0.10
CD a 5%	NS	0.30	0.46	0.59	0.60	0.61	0.29
Interação (FXG)							
SE(m) +	0.10	0.21	0.33	0.42	0.37	0.29	0.21
CD a 5%	NS	NS	NS	NS	NS	NS	NS
G. Média	1.56	2.84	4.45	5.66	4.98	3.92	2.74

Interação

O efeito da interação entre os genótipos de sorgo e os níveis de fertilidade com referência ao índice de área foliar da planta-1 foi considerado não significativo em todos os dias de observação.

4.2.8 Matéria seca total por planta (g)

Os dados relativos à planta de acumulação de matéria seca-1 do sorgo em grão, afectados pelos níveis de fertilizante e pelos genótipos de sorgo em grão, são apresentados no Quadro 4.9. A acumulação média de matéria seca da planta-1 registada aos 30, 45, 60, 75, 90 e na colheita foi de 5,26, 30,34, 39,92, 57,89, 59,57, 59,96 e 60,40 g aos 30, 45, 60, 75, 90, 105 DAS e na colheita, respetivamente.

Tabela 4.9: Planta média de acumulação de matéria seca total^{-1} (g) de sorgo em grão em várias fases de crescimento da cultura, influenciada por diferentes tratamentos

Tratamento	Acumulação média de matéria seca total planta-1 (g)						
	30 DAS	45 DAS	60 DAS	75 DAS	90 DAS	105 DAS	Em colheita
Parcela principal: Níveis de fertilizante (F)							
F1:0% RDF (00:00:00)	4.65	22.58	29.71	43.08	44.33	44.62	44.95
F2:50% RDF (40:20:20)	5.07	29.53	38.86	56.35	57.98	58.35	58.79
F3:100% RDF (80:40:40)	5.56	33.89	44.60	64.66	66.54	66.98	67.47
F4:150% RDF (120:60:60)	5.74	35.36	46.52	67.46	69.42	69.88	70.39
SE(m) +	0.22	0.77	1.02	1.48	1.52	1.46	1.54
CD a 5%	NS	2.22	2.95	4.34	4.42	4.26	4.44
Subparcela: Genótipos (G)							
G1-SPV 2773	5.37	24.12	31.73	46.01	47.35	47.66	48.01
G2-SPV 2776	5.32	23.41	30.81	44.67	45.96	46.27	46.61
G3-SPV 2781	5.27	25.42	33.44	48.49	49.90	50.24	50.60
G4-SPH 1943	5.04	33.06	43.50	63.08	64.91	65.31	65.81
G5-SPV 2620	5.18	33.75	44.40	64.39	66.25	66.67	67.18
G6-CSH 30	5.44	33.44	44.00	63.80	65.65	66.07	66.57
G7-CSV 20	5.25	33.69	44.33	64.28	66.15	66.59	67.07
G8-PP jonna	5.18	35.84	47.16	68.38	70.36	70.85	71.35
SE(m) +	0.14	1.07	1.41	2.04	2.10	2.11	2.13
CD a 5%	NS	3.10	4.08	5.92	6.09	6.10	6.18
Interação (FXG)							
SE(m) +	0.28	2.14	2.82	4.09	4.21	4.21	4.26
CD a 5%	NS	NS	NS	NS	NS	NS	NS
G. Média	5.26	30.34	39.92	57.89	59.57	59.96	60.40

Efeito dos níveis de fertilizante

Os dados revelam que a aplicação de 150% FTR registou valores mais elevados de acumulação de matéria seca do que os outros níveis de fertilizante, que foi igual a 100% FTR (67,47 g na colheita). O índice de área foliar significativamente mais baixo foi registado com a aplicação de 0% FTR aos 45 DAS. A tendência foi exatamente a mesma aos 60, 75, 90, 105 DAS e na colheita.

O aumento dos níveis de fertilizante aumentou significativamente a acumulação de matéria seca no sorgo. Uma maior área foliar utiliza mais energia radiante, o que resulta numa maior produção de matéria seca. Resultados semelhantes foram também registados por Patil et al. (2011), Meena et al. (2013) e Kushwaha et al. (2014).

Efeito dos genótipos de sorgo de grão

Os dados indicam que, entre os genótipos de sorgo de grão, o genótipo PP jonna produziu uma planta de matéria seca mais elevada^{-1} em vários estádios de crescimento, exceto aos 30 DAS, ou seja, 45, 60, 75, 90, 105 DAS e na colheita (35,84, 47,16, 68,38, 70,36, 70,85 e 71,35, respetivamente), o que foi semelhante ao SPH 1943, SPV 2620, CSH 30, CSV 20. A menor acomodação de matéria seca por planta foi observada no genótipo de sorgo

SPV-2776.

A maior produção de matéria seca foi devida à maior altura da planta e à maior área foliar. Uma maior área foliar pode resultar numa maior produção de matéria seca. Resultados semelhantes foram relatados anteriormente por Dhaker et al. (2014).

Interação

O efeito da interação entre os genótipos de sorgo e os níveis de fertilizante no que se refere à matéria seca das plantas^{-1} não foi significativo em todos os dias de observação.

4.2.9 Taxa média de crescimento absoluto (TCA) para a matéria seca total da planta^{-1} (g dia^{-1} planta)$^{-1}$

Os dados sobre a taxa média de crescimento absoluto para a matéria seca total da planta^{-1} como influenciada por diferentes tratamentos periódicos são apresentados na Tabela 4.10. As inferências são tiradas com base no valor médio. Os valores médios de AGR para a matéria seca total por planta foram 0.177, 1.716, 0.654, 1.226, 0.115, 0.027 e 0.030 g dia^{-1} planta^{-1} durante 0-30, 31-45,46-60, 61-75, 76-90, 91-105 e 106 até à colheita.

Efeito dos níveis de fertilizante

Os dados revelaram que a taxa de crescimento absoluto da matéria seca total aumentou até aos 45 dias, depois diminuiu, aumentou e depois diminuiu gradualmente até à colheita. O valor mais elevado da taxa média de crescimento absoluto para a acumulação de matéria seca total da planta^{-1} foi registado com 150% de FTR (F4) em todas as fases de crescimento. A taxa média de crescimento absoluto mais baixa foi registada com o tratamento de controlo absoluto (F1).

Efeito dos genótipos de sorgo de grão

Entre os diferentes genótipos, o PP jonna registou a maior taxa média de crescimento absoluto (AGR) em todas as fases de crescimento. A AGR média mais elevada (1,415 g dia^{-1}) foi registada entre 61-75 DAS com PP jonna e o valor mais baixo de AGR registado no genótipo SPV 2776 (0,952 g dia^{-1}) aos 61-75 DAS.

Tabela 4.10: Taxa média de crescimento absoluto (TCA) (g dia^{-1} planta^{-1}) para a matéria seca total de sorgo em grão, influenciada por diferentes tratamentos em várias fases de crescimento da cultura

Tratamento	AGR para matéria seca total (g dia-1 planta-1)						
	0-30 DAS	31-45 DAS	46-60 DAS	61-75 DAS	76-90 DAS	91_105 DAS	106-colheita
Parcela principal: Níveis de fertilizante (F)							
F1:0% RDF (00:00:00)	0.155	1.195	0.475	0.891	0.083	0.020	0.022
F2:50% RDF (40:20:20)	0.169	1.631	0.622	1.166	0.109	0.025	0.029
F3:100% RDF (80:40:40)	0.185	1.889	0.714	1.338	0.125	0.029	0.033
F4:150% RDF(120:60:60)	0.191	1.975	0.744	1.396	0.130	0.031	0.034
Subparcela: Genótipos (G)							
G1-SPV 2773	0.177	1.206	0.493	0.924	0.086	0.021	0.022
G2-SPV 2776	0.179	1.250	0.508	0.952	0.089	0.021	0.023
G3-SPV 2781	0.176	1.343	0.535	1.003	0.094	0.022	0.024
G4-SPH 1943	0.181	1.867	0.704	1.320	0.123	0.028	0.033
G5-SPV 2620	0.175	1.896	0.709	1.330	0.124	0.030	0.032
G6-CSH 30	0.168	1.868	0.696	1.305	0.122	0.027	0.034
G7-CSV 20	0.173	1.904	0.710	1.332	0.124	0.027	0.034
G8-PP jonna	0.173	2.044	0.755	1.415	0.132	0.033	0.033
G. Média	0.177	1.716	0.654	1.226	0.115	0.027	0.030

4.2.10 Taxa de crescimento relativo (RGR) para a matéria seca total da planta^{-1} (g g^{-1} dia)$^{-1}$

O valor médio do RGR para a planta de acumulação de matéria seca^{-1} em várias fases de crescimento está representado no Quadro 4.11.

Efeito dos níveis de fertilizante

Os dados revelaram que a taxa de crescimento relativo para a matéria seca total aumentou até aos 45 dias, depois diminuiu, voltou a aumentar e novamente diminuiu gradualmente até à colheita. O valor mais alto da taxa de crescimento relativo para a acumulação de matéria seca total da planta^{-1} foi registado com 150% RDF (120:60:60 NPK kg ha^{-1}) em todas as fases de crescimento, seguido de 100% RDF. A taxa média de crescimento absoluto mais baixa foi registada com o tratamento de controlo absoluto (F1).

Efeito dos genótipos de sorgo de grão

Entre os diferentes genótipos, o PP jonna resultou numa taxa média de crescimento relativo (RGR) máxima em todas as fases de crescimento· A AGR média mais elevada (0,019 g g^{-1} dia^{-1}) foi registada entre 45-60 DAS com o PP jonna e o valor RGR mais baixo foi registado no genótipo SPV 2776 (0,018 g g^{-1} dia^{-1}) aos 45-60 DAS. Resultados semelhantes foram registados por Ahmed et al. (2007).

Tabela 4.11: Taxa média de crescimento relativo (RGR) (g g^{-1} dia^{-1}) para matéria seca total influenciada por diferentes tratamentos em vários estágios de crescimento da cultura

Tratamento	RGR para matéria seca total (g-1 dia-1)						
	0-30 DAS	31-45 DAS	46-60 DAS	61-75 DAS	76-90 DAS	91-105 DAS	106-At colheita
Parcela principal: Níveis de fertilizante (F)							
F1:0% RDF (00:00:00)	0.051	0.105	0.018	0.024	0.002	0.001	0.001
F2:50% RDF (40:20:20)	0.054	0.117	0.018	0.024	0.002	0.001	0.001
F3:100% RDF (80:40:40)	0.057	0.121	0.018	0.025	0.002	0.001	0.001
F4:150% RDF (120:60:60)	0.058	0.121	0.018	0.025	0.002	0.001	0.001
Subparcela: Genótipos (G)							
G1-SPV 2773	0.056	0.100	0.018	0.025	0.002	0.001	0.001
G2-SPV 2776	0.056	0.099	0.018	0.025	0.002	0.001	0.001
G3-SPV 2781	0.055	0.105	0.018	0.025	0.002	0.001	0.001
G4-SPH 1943	0.056	0.121	0.018	0.025	0.002	0.001	0.001
G5-SPV 2620	0.055	0.125	0.018	0.025	0.002	0.001	0.001
G6-CSH 30	0.054	0.124	0.018	0.025	0.002	0.001	0.001
G7-CSV 20	0.055	0.125	0.018	0.025	0.002	0.001	0.001
G8-PP jonna	0.056	0.129	0.019	0.025	0.002	0.001	0.001
G. Média	0.056	0.117	0.018	0.025	0.002	0.001	0.001

4.2.11 Dias até 50 % de floração

Os dados relativos ao número médio de dias para 50% de floração, afectados pelos níveis de fertilizante e pelos genótipos de sorgo, são apresentados no Quadro 4.12. O número médio de dias para 50% de floração foi de 68,30.

Efeito dos níveis de fertilizante

Os dados mostram que cada nível mais elevado de fertilizante resultou em dias mínimos para 50% de floração do que o nível mais baixo de fertilizante. A aplicação de 150% FTR registou dias significativamente mais baixos para 50% de floração do que outros níveis de aplicação de fertilizante. Resultados semelhantes foram registados por Satpal et al. (2020).

Efeito dos genótipos de sorgo de grão

Os dados indicam que os dias necessários para 50% de floração foram significativamente influenciados pelos genótipos. Os dados mostram que o genótipo PP jonna levou o mínimo de dias para 50% de floração em relação aos restantes genótipos. Isto pode dever-se à sua composição genética, às condições edafoclimáticas, bem como aos nutrientes fornecidos durante o ciclo de vida.

Interação

O efeito de interação entre os genótipos de sorgo e os níveis de fertilizante, com referência a 50% dos dias de floração, não foi significativo.

Tabela 4.12: Dias para 50% de floração de genótipos de sorgo granífero influenciados por diferentes tratamentos

Tratamento	Dias até 50% de floração
Parcela principal: Níveis de fertilizante (F)	
F1:0% RDF (00:00:00)	72.81
F2:50% RDF (40:20:20)	69.75
F3:100% RDF (80:40:40)	66.94
F4:150% RDF (120:60:60)	63.69
SE(m) +	0.85
CD a 5%	2.49
Subparcela: Genótipos (G)	
G1-SPV 2773	74.38
G2-SPV 2776	74.13
G3-SPV 2781	72.88
G4-SPH 1943	72.75
G5-SPV 2620	56.75
G6-CSH 30	70.63
G7-CSV 20	68.13
G8-PP jonna	56.75
SE(m) +	0.76
CD a 5%	2.20
Interação (FXG)	
SE(m) +	1.52
CD a 5%	NS
G. Média	68.30

4.3 Rendimento

4.3.1 Peso de ensaio (g)

Os dados relativos ao peso médio de ensaio afetado pelos níveis de fertilizante e pelos genótipos de sorgo são apresentados no Quadro 4.13. O peso médio do teste foi de 26,14 g.

Efeito dos níveis de fertilizante

Os dados mostram que o efeito dos níveis de fertilizante no peso de teste foi considerado não significativo. O FTR 150% registou o peso de ensaio mais elevado do que os restantes níveis de fertilizante. Resultados semelhantes foram obtidos por Singh et al. (2012).

Efeito dos genótipos de sorgo de grão

Os dados indicam que o peso máximo do teste (28,88 g) produzido pelo genótipo de sorgo em grão PP jonna do que o resto dos genótipos e foi igual ao SPH 1943, SPV 2620, CSH 30 e CSV 20. O peso de teste mais baixo foi produzido pelo SPV 2776. Resultados semelhantes foram apresentados por Aghalikhani et al. (2012) e Mishra et al. (2015).

Interação

O efeito da interação entre os genótipos de sorgo e os níveis de fertilizante, no que se refere ao peso de ensaio, não foi significativo.

4.3.2 Rendimento de grãos (kg ha)$^{-1}$

Rendimento de grãos

Os dados relativos ao rendimento do grão (kg ha^{-1}) são apresentados no quadro 4.13 e representados graficamente na fig.4.2. O rendimento médio de grãos foi de 2549,11 kg ha^{-1} .

Tabela 4.13: Rendimento de grãos, rendimento de forragem e peso de teste de genótipos de sorgo em grão influenciados por diferentes tratamentos

Tratamento	Rendimento de grãos (kg ha-1)	Rendimento forrageiro (kg ha-1)	Peso de ensaio (g)
Parcela principal: Níveis de fertilizante (F)			
F1:0% RDF (00:00:00)	1648	3687	24.69
F2:50% RDF (40:20:20)	2104	4777	24.50
F3:100% RDF (80:40:40)	3041	7356	27.69
F4:150% RDF (120:60:60)	3403	8103	27.69
SE(m) +	133.8	230.96	0.68
CD a 5%	408.09	711.36	NS
Subparcela: Genótipos (G)			
G1-SPV 2773	2354	5378	25.38
G2-SPV 2776	2298	5261	22.50
G3-SPV 2781	2389	5737	25.50
G4-SPH 1943	2460	5851	26.13
G5-SPV 2620	2765	6447	27.63
G6-CSH 30	2530	6090	26.38
G7-CSV 20	2764	6321	26.75
G8-PP jonna	2837	6764	28.88
SE(m) +	134.02	339.99	1.10
CD a 5%	388.15	984.72	3.17
Interação (FXG)			
SE(m) +	268.031	679.98	2.19
CD a 5%	NS	NS	NS
G. Média	2549.11	5980.8	26.14

Efeito dos níveis de fertilizante

A aplicação de 150% RDF registou o rendimento máximo de grãos (3403 kg ha^{-1}) que foi igual à aplicação de 100% RDF de rendimento de grãos (3041 kg ha^{-1}) e ambos os níveis de fertilizantes foram considerados significativamente superiores a 50% e 0% RDF. O rendimento de grãos significativamente mais baixo foi observado no tratamento de controlo. Taxas crescentes de aplicação de fertilizantes aumentam significativamente o rendimento de grãos, o que pode ser devido ao fato de que todos esses nutrientes estavam envolvidos na aceleração do processo de divisão e ampliação celular, o que mostrou maior crescimento e resultou em maior rendimento de grãos. Resultados semelhantes foram registados por Singh et al. (2012), Jat et al. (2013), Deshmukh et al. (2014) e Mwadalu et al. (2022).

Efeito do genótipo de sorgo de grão

Os dados indicam que o rendimento máximo de grão (2837 kg ha^{-1}) foi produzido pelo genótipo de sorgo PP jonna do que os restantes genótipos, que foi igual ao SPH 1943, SPV 2620, CSH 30 e CSV 20. O rendimento de grãos mais baixo foi produzido pelo SPV 2776. Resultados semelhantes foram registados por Ghani et al. (2015), Mishra et al. (2015) e Singh et al. (2016).

Interação

O efeito de interação entre os genótipos de sorgo e os níveis de fertilizante, no que se refere ao rendimento de grãos, foi considerado não significativo.

4.3.3 Rendimento forrageiro

Os dados relativos ao rendimento forrageiro (kg ha^{-1}) são apresentados no quadro 4.13 e representados graficamente na fig.4.2. A média de forragem foi de 5980,8 kg ha^{-1} .

Efeito dos níveis de fertilizante

A aplicação de 150% de FTR registou o máximo rendimento forrageiro (8103,03 kg ha $^{-1}$) que foi igual ao rendimento forrageiro da aplicação de 100% de FTR (7355,88 kg ha^{-1}) respetivamente.

O aumento das taxas de aplicação de fertilizantes aumentou significativamente o rendimento de forragem de grãos, o que pode ser devido ao facto de todos estes nutrientes estarem envolvidos na aceleração do processo de divisão e alargamento celular, o que mostrou mais crescimento e resultou num maior rendimento de forragem. Estes resultados estão de acordo com Deshmukh et al. (2014), Gurjar et al. (2019) e Qamar et al. (2022).

Efeito do genótipo de sorgo de grão

Os dados indicam que o rendimento máximo de forragem (6764 kg ha^{-1}) foi produzido pelo genótipo de sorgo em grão PP jonna do que os restantes genótipos, que foi igual ao SPH 1943, SPV 2620, CSH 30 e CSV 20. O rendimento forrageiro mais baixo foi registado pelo SPV 2776 (5261 kg ha^{-1}). Estes resultados estão de acordo com Ghani et al. (2015) e Shanti et al. (2017).

Interação

O efeito de interação entre os genótipos de sorgo de grão e os níveis de fertilizante, no que se refere à produção de forragem, não foi significativo.

4.4. Estudos químicos

4.4.1 Concentração de nutrientes (%)

Os dados relativos à concentração de nutrientes (%) de azoto, fósforo e potássio, determinados pelos níveis de fertilizante e pelos genótipos de sorgo, são apresentados no

Quadro 4.14.

Efeito dos níveis de fertilizante

Os dados mostram que a maior concentração de nitrogénio, fósforo e potássio (%) foi registada com a aplicação de 150% FTR e 100% FTR, enquanto a concentração significativamente mais baixa foi registada com a aplicação de 0% FTR. Resultados semelhantes foram registados por Meena et al. (2013)

Efeito dos genótipos de sorgo de grão

A concentração de nutrientes em relação ao azoto, fósforo e potássio do sorgo foi máxima no genótipo PP jonna do que nos restantes genótipos. No entanto, foi igual aos genótipos SPH-1943, SPV-2620, CSH-30 e CSV-20. É um facto que a concentração total de nutrientes é regida pela disponibilidade de nutrientes no solo e pelas condições ambientais.

Interação

O efeito de interação dos níveis de fertilizante e dos genótipos de sorgo na concentração de nutrientes (%) foi considerado não significativo.

Tabela 4.14: Concentração total de nutrientes (%) no sorgo em grão sob a influência de diferentes tratamentos.

Tratamento	Concentração total de nutrientes (%)		
	N	P	K
Parcela principal: Níveis de fertilizante (F)			
F1:0% RDF (00:00:00)	0.61	0.17	1.28
F2:50% RDF (40:20:20)	0.79	0.22	1.66
F3:100% RDF (80:40:40)	0.90	0.25	1.89
F4:150% RDF (120:60:60)	0.91	0.25	1.91
SE(m) +	0.02	0.01	0.05
CD a 5%	0.06	0.03	0.15
Subparcela: Genótipos (G)			
G1-SPV 2773	0.69	0.19	1.45
G2-SPV 2776	0.67	0.19	1.41
G3-SPV 2781	0.74	0.21	1.57
G4-SPH 1943	0.82	0.23	1.72
G5-SPV 2620	0.87	0.24	1.84
G6-CSH 30	0.83	0.23	1.75
G7-CSV 20	0.87	0.24	1.84
G8-PP jonna	0.90	0.25	1.90
SE(m) +	0.03	0.01	0.07
CD a 5%	0.09	0.03	0.19
Interação (FXG)			
SE(m) +	0.06	0.02	0.13
CD a 5%	NS	NS	NS
G. Média	0.80	0.22	1.68

4.4.3 Absorção de nutrientes (kg ha)$^{-1}$

Os dados relativos à absorção de nutrientes de azoto, fósforo e potássio, determinada pelos níveis de fertilizante e pelos genótipos de sorgo, são apresentados no Quadro 4.15.

Efeito dos níveis de fertilizante

Os dados mostram que a maior absorção de nitrogênio, fósforo e potássio foi registrada com a aplicação de 150% RDF, que foi encontrada a par com a aplicação de 100% RDF, enquanto a absorção significativamente menor foi registrada com a aplicação de 0% RDF. Resultados semelhantes foram registados por Ghodpage et al. (2005), Yadav et al. (2013).

Quadro 4.15: Absorção total de nutrientes pelo sorgo em grão sob a influência de diferentes tratamentos.

Tratamento	Absorção total de nutrientes (kg ha-1)		
	N	P	K
Parcela principal: Níveis de fertilizante (F)			
F1:0% RDF (00:00:00)	70.57	18.67	130.69
F2:50% RDF (40:20:20)	91.48	24.20	169.41
F3:100% RDF (80:40:40)	209.51	57.00	384.33
F4:150% RDF (120:60:60)	241.89	63.99	447.94
SE(m) +	12.37	3.33	22.78
CD a 5%	36.24	9.76	65.59
Subparcela: Genótipos (G)			
G1-SPV 2773	130.25	34.79	240.44
G2-SPV 2776	128.36	34.30	236.90
G3-SPV 2781	137.87	36.80	254.56
G4-SPH 1943	160.35	42.80	296.06
G5-SPV 2620	166.45	44.47	307.21
G6-CSH 30	160.35	42.80	296.06
G7-CSV 20	162.73	43.49	300.32
G8-PP jonna	176.79	47.21	326.36
SE(m) +	7.20	1.94	13.27
CD a 5%	20.86	5.60	38.43
Interação (FXG)			
SE(m) +	14.404	3.87	26.54
CD a 5%	NS	NS	NS
G. Média	153.36	40.96	283.09

Efeito dos genótipos de sorgo de grão

A absorção de nutrientes em relação ao azoto, fósforo e potássio do sorgo foi máxima no genótipo PP jonna do que nos restantes genótipos. No entanto, foi igual aos genótipos SPH-1943, SPV-2620, CSH-30 e CSV-20. É um facto que a absorção total de nutrientes é regida pela disponibilidade de nutrientes no solo e pelas condições ambientais.

Interação

O efeito de interação dos níveis de fertilizante e dos genótipos de sorgo na absorção de nutrientes foi considerado não significativo.

4.5 Estudos económicos:

4.7.1 : Custo de cultivo (Rs. ha)$^{-1}$

Os dados relativos ao custo de cultivo são apresentados no Quadro 4.16. O valor médio do custo de cultivo foi de 31.546 Rs. ha^{-1} no caso do sorgo granífero. A aplicação de fertilizantes aumenta o custo de cultivo. O custo máximo de cultivo foi registado no tratamento com 150% de fertilizante RDF (34.482 Rs. ha^{-1}). O menor custo de cultivo foi registado pela aplicação do tratamento de controlo absoluto (apenas FTR) (28.155 Rs. ha^{-1}) durante o período de investigação.

4.7.2 : Rendimentos monetários brutos e líquidos e rácio B:C

Os dados em relação aos retornos monetários brutos, retornos monetários líquidos e relação B:C do sorgo em grão como afectados pelos níveis de fertilizante e genótipos de sorgo em grão são dados na Tabela 4.16 e mostrados graficamente na fig.4.3 e fig. 4.4. Os retornos monetários brutos médios, os retornos monetários líquidos e o rácio B:C do sorgo foram 93.651 Rs. ha^{-1} , 62.106 Rs. ha^{-1} e 2,93 respetivamente.

Quadro 4.16: Custo de cultivo (Rs ha^{-1}), rendimentos monetários brutos (Rs ha^{-1}), rendimentos monetários líquidos (Rs ha^{-1}) e rácio B:C do sorgo sacarino influenciado por diferentes tratamentos

Tratamento	Custo de cultivo (Rs ha-1)	GMR (Rs ha-1)	RMN (Rs ha-1)	B:C Rácio
Parcela principal: Níveis de fertilizante (F)				
F1:0% RDF (00:00:00)	28155	60018	31863	2.13
F2:50% RDF (40:20:20)	31174	76822	45648	2.46
F3:100% RDF (80:40:40)	32372	112397	80025	3.47
F4:150% FTR (120:60:60)	34482	125368	90887	3.64
SE(m) +	--	4653.8	4654	0.14
CD a 5%	--	14194.09	14334.32	0.43
Subparcela: Genótipos (G)				
G1-SPV 2773	31546	87073	55527	2.73
G2-SPV 2776	31546	83935	52389	2.63
G3-SPV 2781	31546	87117	55571	2.73
G4-SPH 1943	31546	90605	59059	2.83
G5-SPV 2620	31546	102389	70843	3.2
G6-CSH 30	31546	93421	61875	2.91
G7-CSV 20	31546	101068	69522	3.14
G8-PP jonna	31546	103605	72059	3.23
SE(m) +	--	4934.1	4934.10	0.15
CD a 5%	--	14290.68	14290.68	0.43
Interação (FXG)				
SE(m) +	--	9868	9868.19	0.3
CD a 5%	--	NS	NS	NS
G. Média	31545.75	93651	62106	2.93

Efeito dos níveis de fertilizante

Os dados indicam que os maiores retornos monetários brutos (1,25,368 Rs. ha^{-1}), e retornos monetários líquidos (90,887 Rs. ha^{-1}) foram registados com a aplicação de 150% RDF que foi a par com 100% RDF i.e. retornos monetários brutos (112397 Rs.ha^{-1}) e retornos monetários líquidos (80,025 Rs. ha^{-1}). Ambos os níveis de fertilizante foram significativamente superiores a 50% e 0% FTR. O controlo (0% FTR) registou rendimentos monetários brutos e líquidos significativamente mais baixos. O rácio B:C mais elevado (3,64) foi obtido com a aplicação de 150% FTR. O tratamento de controlo registou a relação B:C mais baixa. Resultados semelhantes foram relatados por Singh et al. (2013), Singh et al. (2012).

Efeito dos genótipos de sorgo de grão

Os dados mostram que, de entre os genótipos, os rendimentos monetários brutos máximos (1,03,605 Rs.ha^{-1}) e os rendimentos monetários líquidos (72,059 Rs.ha^{-1}) foram registados pelo genótipo PP jonna, que estava ao mesmo nível que SPH-1943, SPV-2620, CSH-30 e CSV-
20. O genótipo SPV-2776 registou os rendimentos monetários brutos e líquidos mais baixos. Resultados semelhantes foram registados por Singh et al. (2013), Kubsad (2018) e Dixit et al. (2005). **Interação**

O efeito de interação entre os genótipos de sorgo granífero e os níveis de fertilizante, no que se refere aos rendimentos monetários brutos e aos rendimentos monetários líquidos, foi considerado não significativo.

CAPÍTULO - V

RESUMO E CONCLUSÕES

Um experimento de campo intitulado "Resposta de genótipos de sorgo de grãos pré-liberados (Sorghum bicolor L. Moench) a diferentes níveis de fertilizantes" foi conduzido durante a estação Khaif de 2022-23 na Estação de Pesquisa de Sorgo, Vasantrao Naik Marathwada Krushi Vidyapeeth, Parbhani (Maharashtra). Havia 32 tratamentos constituídos por combinações de quatro níveis de fertilizantes, ou seja, 0% (Controlo) RDF (00:00:00 NPK Kg ha^{-1}), 50% RDF (40:20:20 NPK Kg ha^{-1}), 100% RDF (80:40:40NPK Kg ha^{-1}) e 150% RDF (120:60:60 NPK Kg ha^{-1}) nas parcelas principais e oito genótipos i.SPH-1943, CSH-30, SPV2773, SPV 2776, SPV 2781, CSV-20, SPV 2620, PP jonna (Palem pacha jonna) nas sub-parcelas. O solo era preto de profundidade média e bem drenado. A topografia do campo experimental era bastante uniforme e nivelada. O solo da parcela experimental era de textura argilosa, baixo em azoto, médio em fósforo disponível, alto em potássio disponível e ligeiramente alcalino em reação. A temperatura média máxima e mínima prevaleceu durante a estação de crescimento da cultura entre 22,9-33,6° C e 21,2-23,0° C, respetivamente. A humidade relativa média máxima e mínima situou-se entre 85-94 e 54-87 por cento, respetivamente. A precipitação total durante o período experimental foi de 956,9 mm, distribuídos por 51 dias de chuva. A evaporação média foi de 3,30 mm, a média de horas de sol brilhante foi de 4,68 horas, enquanto a velocidade média do vento foi de 3,90 km hr^{-1} . Em geral, as condições climáticas foram favoráveis para o crescimento do sorgo. A experiência foi desenhada utilizando um esquema de parcelas divididas com duas repetições. Os tratamentos consistem em quatro parcelas principais e oito subparcelas. Cada parcela experimental tinha 4,5 m x 5,1 m, enquanto o tamanho líquido da parcela era de 2,7 m x 4,5 m. A sementeira foi feita a 28th julho de 2022 pelo método de dibbling. Os fertilizantes, nomeadamente azoto, fósforo e potássio, foram aplicados nas respectivas parcelas de acordo com as recomendações, utilizando meia dose de azoto como basal e a restante meia dose foi aplicada na cobertura (30 DAS) e a dose completa de P2O5 e K2O foi aplicada uniformemente nas linhas abertas para sementeira. O preenchimento de lacunas foi feito aos 10 dias após a semeadura para manter a população de plantas necessária. Todas as práticas culturais foram seguidas durante o crescimento da cultura de acordo com as recomendações. As várias observações biométricas sobre os caracteres de crescimento foram registadas periodicamente juntamente com os caracteres pós-colheita e estão resumidas abaixo.

5.1 Efeito dos níveis de fertilizante

A população de plantas registada na fase inicial e na colheita não foi significativamente afetada pelos níveis de fertilizante, tendo a altura das plantas aumentado continuamente até à colheita. A aplicação de 150% de FTR ha^{-1} registou uma altura de planta mais elevada, a par da aplicação de 100% de FTR ha^{-1} . $^{-1}$A aplicação de 150% FTR ha^{-1} registou o maior número de folhas da $planta^{-1}$, comprimento da folha, largura da folha, área média da folha, índice de área foliar e matéria seca da $planta^{-1}$ em relação aos restantes níveis de fertilizante, no entanto, foi igual a 100% FTR. A aplicação de 150% FTR ha^{-1} resultou em dias mínimos para a floração. O maior peso de teste foi registado com a aplicação de 150% FTR ha^{-1} sobre a aplicação de 50% e 0% FTR ha^{-1} , no entanto, foi igual à aplicação de 100% FTR ha^{-1} . O maior rendimento de grãos e de forragem foi registado com a aplicação de 150% FTR kg ha^{-1} sobre a aplicação de 50% e 0% FTR ha^{-1} , no entanto, foi igual à aplicação de 100% FTR kg ha^{-1} . A concentração e a absorção de azoto, fósforo e potássio foram mais elevadas com a aplicação de 150% e 100% FTR ha^{-1} do que com o nível inferior de fertilizante. Os rendimentos monetários brutos e líquidos mais elevados foram obtidos com a aplicação de 150% FTR ha^{-1} , que foi igual à aplicação de 100% FTR ha^{-1} e ambos os níveis de fertilizante foram considerados significativamente superiores a 50% e 0% FTR.

5.2 Efeito dos genótipos de sorgo de grão

A população de plantas registada na fase inicial e na colheita não foi significativamente afetada pelos genótipos de sorgo. Entre os genótipos de sorgo, o PP Jonna registou atributos de crescimento mais elevados, como a altura da planta, o número de folhas da $planta^{-1}$, o comprimento da folha, a largura da folha, a área foliar, o índice e a acumulação de matéria seca em todas as fases de crescimento da cultura. Os dias mais baixos para 50% de floração também foram registados no genótipo de sorgo PP Jonna. O peso do teste foi mais elevado no PP Jonna do que nos restantes genótipos de sorgo. O rendimento de grão e de forragem foi mais elevado nos genótipos de sorgo PP Jonna do que nos restantes genótipos de sorgo. A maior concentração (%) e absorção de azoto, fósforo e potássio foram registadas nos genótipos PP Jonna. Os rendimentos monetários brutos, os rendimentos monetários líquidos e a relação B:C mais elevados foram também obtidos com o genótipo de sorgo PP Jonna do que com os restantes genótipos.

5.3 Interação

O efeito de interação entre os genótipos de sorgo e os níveis de fertilizante foi considerado não significativo no que diz respeito aos atributos de crescimento, atributos de rendimento, rendimento de grãos, rendimento de forragem, concentração e absorção de NPK, GMR e NMR.

5.4 Conclusões

Com base na experimentação de campo durante uma estação, pode concluir-se que,

1. O nível de fertilizante 80:40:40 (100% RDF) NPK kg ha^{-1} registou maiores atributos de crescimento, caracteres de rendimento, maior rendimento de grãos e forragem, GMR e NMR do que outros níveis de fertilizante.

2. O nível de fertilizante 80:40:40 (100% FTR) NPK kg ha^{-1} foi considerado economicamente ótimo e remunerador em relação ao nível de fertilizante inferior 40:20:20 (50% FTR) NPK kg ha^{-1} , ao controlo 0:0:0 (0% FTR) NPK kg ha^{-1} e ao nível

de fertilizante superior 120:60:60 (150% FTR) NPK kg ha^{-1} .

3. O genótipo de sorgo para grão PP Jonna registou atributos de crescimento, atributos de rendimento, rendimento de grão e forragem GMR e NMR mais elevados do que outros genótipos de sorgo para grão.

4. Não foi observado efeito de interação entre os níveis de fertilizante e os genótipos de sorgo.

LITERATURA CITADA

Adebiyi, A. O., Adebiyi, A. P. e Olaniyi, E.O. 2005. Composição nutricional do amido de sorgo bicolor hidrolisado com amilase de rhizopus sp. African Journal of Biotechnology, (4), 1089-1094.

Aghaalikhani, M., Etemadi, F., & Ajirlo, A. F. 2012. Base fisiológica da diferença de rendimento para o sorgo granífero (Sorghum bicolor (L.) Moench) em um ambiente semi-árido. ARPN Journal of Agricultural and Biological Science, 7 (7), 488-496.

Ahmed, A. G., Zaki, N. M., & Hassanein, M. S. 2007. Resposta do sorgo de grão a diferentes fontes de azoto. Research Journal of Agriculture and Biological Sciences, 3 (6), 1002-1008.

Akbari, R. N., Sutaria, G. S., Hirpara, D. S., & Gandhi, A. P. 2000. Resposta de diferentes genótipos de sorgo forrageiro ao azoto em condições de sequeiro. Indian Journal of Agricultural Research, 34 (3), 197-199.

Anónimo 2022. Relatório de perspectivas do sorgo ANGRAU - janeiro a dezembro de 2021. Disponível em https,//angrau.ac.in/.

Ayub, M., Nadeem, M. A., Tanveer, A., & Husnain, A. 2002. Efeito de diferentes níveis de azoto e épocas de colheita no crescimento, rendimento e qualidade da forragem de sorgo. Asian J. Plant Sci, 1 (4), 304-307.

Ayub, M., M. Khalid, M. Tariq, M. Elahi e M.A. Nadeem. 2012. Comparação de genótipos de sorgo para produção e qualidade de forragem. J. Ani. Pl. Sci. 22: 733- 737.

Blackman, Y.H. 1919. Lei dos juros compostos e crescimento das plantas. Anais de Botânica. (33), 350-360.

Carmi, A., Aharoni, Y., Edelstein, M., Umiel, N., Hagiladi, A., Yosef, E., Nikbacht, M., Zenou, A. & Miron, J. 2006. Efeitos da irrigação e da densidade de plantas no rendimento, composição e digestibilidade in vitro de uma nova variedade de sorgo forrageiro, Tal, em dois estádios de maturação. Animal Feed Science and Technology. 131 (1-2), 121-133.

Dereje, G., Bogale, T., Raghavaiah, C. V., Walelegn, B., & Chavhan, A. B. 2016. Resposta da produtividade na exploração agrícola do sorgo de grão de sequeiro (Sorghum bicolor L.) ao sistema integrado de fornecimento de nutrientes na Zona de Assosa, Etiópia Ocidental, África Oriental. Int. J. Life Sci, 4 (2), 169-175.

Deshmukh, A., Sonune, B. A., Gabhane, V. V., & Rewatkar, S. S. 2014. Impacto da gestão integrada de nutrientes na fertilidade do solo e no rendimento dos genótipos de sorgo em vertisol. Agricultural Science Digest-A Research Journal, 34 (2), 111-114.

Devi S., Satpal, Talwar, H. S., Ramprakash, Goyal, V., Goyal, M. & Kumar, N. 2018. Variabilidade fisiológica do sorgo [Sorghum bicolor (L.) Moench] sob estresse salino. Pesquisa de Forragem. 44 (2), 101-104.

Dhaker, R. C., Dubey, R. K., Dashora, L. N., & Tiwari, R. C. 2014. Produtividade de genótipos de sorgo de elite sob diferentes populações de plantas e níveis de fertilidade no sul do Rajastão. Annals of Biology, 30 (2), 249-252.

Dhaker, R. C., Dubey, R.K.,Dhaker, S.C. e Meena, R.M. 2015. Resposta de genótipos de sorgo [Sorghum bicolor (L.) Moench.] a diferentes densidades de plantas e taxas de aplicação de nutrientes no sul do Rajastão. Annals of biology. 34 (3), 123-125.

Dixit, A. K., Singh, O. P., Kachroo, D., & Bali, A. S. 2005. Resposta de genótipos promissores de sorgo da estação das chuvas (Sorghum bicolor) à fertilização com azoto e fósforo. Indian Journal of Agronomy, 50 (3), 206- 209.

Elamin, A. Y., & Madhavi, K. 2015. Influência da gestão integrada de nutrientes nos parâmetros de crescimento e rendimento do sorgo kharif (Sorghum bicolor L. Moench). Centro Nacional de Pesquisa Khartoum-Sudan PO Box, 6096 (2), 90-95.

Gawai, P. P. e Pawar, V. S. 2007. Nutrient balance under integrated nutrient management system in sorghum-chickpea cropping sequence. Jornal Indiano de Investigação Agrícola. 41 (2), 137-141.

Ghani, A., Saeed, M., Hussain, D., Arshad, M., Shafique, M. M., & Shah, S. A. S. 2015. Avaliação de diferentes variedades de sorgo (Sorghum bicolor L. moench) para rendimento de grãos e características relacionadas. Sci. Lett, 3 (2), 72-74.

Ghasemi, A., Ghasemi, M., & Pessarakli, M. 2012. Rendimento e componentes de rendimento de várias cultivares de sorgo de grão cultivadas numa região árida. Jornal de Alimentação, Agricultura e Ambiente, 10 (1), 455-458.

Ghodpage, R. M., & Datke, S. B. 2005. Uso eficiente de biofertilizantes inorgânicos e biofertilizantes na produtividade, valor nutritivo e absorção de nutrientes do sorgo de sequeiro (Sorghum bicolor L. Moench) num vertisol. Agricultural Science Digest, 25 (4), 257-259.

Grant, C. A., Flaten, D. N., Tomasiewicz, D. J., & Sheppard, S. C. 2001. The importance of early season phosphorus nutrition. Canadian Journal of Plant Science, 81 (2), 211-224.

Gurjar, G., S., Choudhary, R., S., Choudhary, R., Verma, A., e Jat. G., 2019. Efeitos dos genótipos e níveis de fertilidade nos parâmetros de crescimento e rendimento do sorgo forrageiro de corte único [Sorghum bicolor (L.) Moench]. Inter. J. Current Microbiol. Appl. Sci. 8 (8), 2979-2985.

Hussain, N. 2011. Desempenho das variedades de sorgo na região de Potohar. Jornal de Investigação da Universidade de Gomal, 27 (2), 26-30.

Jackson, M.L. 1967. Soil Chemical Analysis. Prentice hall of India Pvt. Ltd., Nova Deli. pp. 498.

Jat, M. K., Purohit, H. S., & Singh, P. 2014. Efeito do estrume do quintal, níveis de fertilidade e biofertilizantes no crescimento, rendimento e qualidade do sorgo. Research on Crops, 15 (1), 78-83.

Jat, M. K., Purohit, H. S., Singh, B., Garhwal, R. S., & Choudhary, M. 2013. Efeito da gestão integrada de nutrientes no rendimento e absorção de nutrientes no sorgo (Sorghum bicolor). Jornal Indiano de Agronomia, 58 (4), 543-547.

Kasozi, S. M., Bashaasha, B., & Ochwoh, V. 2005. Economia da produção de sorgo e gestão da fertilidade do solo em Kabale Highlands, Uganda. Journal of Food Agriculture and Environment, 3 (3/4), 105.

Kaur, M., e Satpal, 2019. Rendimento e economia de genótipos de corte único influenciados por diferentes níveis de fertilizantes. Inter. J. of. Agric. Sci., Vol. 11 (5), 7971-7973

Kaushik, U. K., e Shaktawat, M. S. 2005. Efeito do espaçamento entre linhas, do azoto e do controlo de ervas daninhas no crescimento, rendimento e absorção de nutrientes do sorgo (Sorghum bicolor). Indian Journal of Agronomy, 50 (2), 140-142.

Kiran, B. O., Karabhantanal, S. S., Patil, S. B., Ashwathama, V. H., Sajjanar, Jolli, R. B., & Tonapi, V. A. 2022. Phenotyping sorghum for drought- adaptive physiological and root architectural traits under water-limited environments. Cereal Research Communications, 1-9.

Kishor, K., Kaushik, M. K., Yadav, V. K., Gautam, P., & Chugh, A. 2017. Efeito dos níveis de fertilidade no rendimento e atributo de rendimento de diferentes genótipos de sorgo [Sorghum bicolor (L.) Moench]. Journal of Pharmacognosy and Phytochemistry, 6 (4), 541-543.

Kubsad, V. S. 2018. Resposta de genótipos de sorgo rabi (Sorghum bicolor (L) Moench) a diferentes níveis de fertilidade em condições de sequeiro. Revista Internacional de Microbiologia Atual e Ciências Aplicadas, 7 (10), 3282-3286.

Kumar, S., Pandey, A. C., & Mardi, G. (2008). Avaliação de genótipos de alto rendimento de sorgo [Sorghum bicolor (L.) Moench] em condições de sequeiro no leste de Singhbhum, Jharkhand. Jornal Internacional de Agricultura Tropical, (26), 427-429.

Kumar, D.U. e Chaplot, P. C. 2015. Efeito dos níveis de fertilidade na qualidade de genótipos de sorgo forrageiro multi-corte. Forage Research, 40 (4), 251-253.

Kushwaha, B. B., Koul, K. K. e Singh, V. 2007. Performance of Kharif sorghum (Sorghum bicolor (L.) Moench) under integrated nutrient management system. Indian Journal of Dryland Agricultural Research and Devlopment. 22 (1), 32-36.

Kushwaha, B. B., Thakur, N. S., Saxena, U. S. H. A., Shrivastava, D. K., Kataria

V. P., Upadhyay, S. N., & Choudhary, R. K. 2014. Efeito dos níveis de fertilidade, esterco de curral e inoculantes no crescimento, rendimento e absorção de nutrientes pelo sorgo. Anais da Investigação sobre Plantas e Solos, 16 (2), 139-142.

Mali, A. L., Sumeriya, H. K., & Singh, I. 2000. Rendimento e retorno monetário de cultivares de sorgo (Sorghum bicolor L. Moench) sob diferentes níveis de fertilidade. Agricultural Science Digest, 20 (3), 168-170.

Meena K., Kaushik, M.K. Verma A. and Bairwa, D.D. 2020 Effect of fertility level on growth and yield of sweet sorghum [Sorghum bicolor (L.) Monech] 71 genotypes. Journal of Pharmacognosy and Phytochemistry. 9 (5), 740- 743.

Meena, L.R. e Meena, S.L. 2012. Efeito dos níveis de azoto no potencial de produção, absorção de nutrientes influenciada por cultivares de sorgo forrageiro, em condições de semi-rede do Rajastão. Range Management and Agroforestry. 33 (2), 171-176.

Meena, R. M., Dhaker, R. C., Meena, B. P., & Jani, P. P. 2013. Gestão integrada de nutrientes nos parâmetros de crescimento, teor de clorofila e absorção de nutrientes do sorgo. Annals of Biology, 29 (3), 317-319.

Mishra, J. S., Thakur, N. S., Kewalanand, Sujathamma, P., Kushwaha, B. B., Rao,

S. S., & Patil, J. V. 2015. Resposta de genótipos de sorgo sacarino para biomassa, rendimento de grãos e produção de etanol sob diferentes níveis de fertilidade em condições de sequeiro. Sugar Tech, (17), 204-209.

Mwadalu, R., Mochoge, B., Mwangi, M., Maitra, S., & Gitari, H. 2022. Resposta do sorgo Gadam (Sorghum bicolor) ao estrume de curral e à aplicação de fertilizantes inorgânicos. Revista Internacional de Agricultura, Ambiente e Biotecnologia, 15 (1), 51-60.

Olsen, S.R., Cole, C.V., Watanabe, F.S. & Dean, L.A. 1954. Estimativa do fósforo disponível no solo por extração com bicarbonato de sódio US Dept. Agric. Circ. 939.

Panse, V. G. e Sukhatme, P. V. 1985. Statistical methods for agricultural workers.

ICAR, Nova Deli.

Panwar, D., Pushpendra, S., & Sumeriya, H. K. 2014. Crescimento, partição de matéria seca e rendimento de genótipos de sorgo [Sorghum bicolor (L.) Moench] influenciados por diferentes níveis de fertilidade. Anais de Biologia, 30 (3), 491-494.

Patidar, M., & Mali, A. L. 2004. Efeito do estrume de quinta, níveis de fertilidade e biofertilizantes no crescimento, rendimento e qualidade do sorgo (Sorghum bicolor). Indian Journal of Agronomy, 49 (2), 117-120.

Patil, H.M., Tuwar, S.S. e Wani, A.G. 2008. Gestão integrada de nutrientes na sequência de culturas de sorgo (Sorghum bicolor) - grão-de-bico (Cicer arietinum) em condições de regadio. Departamento de Agronomia, Mahatma PhuleKnish Vidyapeeth, Rahuri, Maharashtra. Jornal Internacional de Ciências Agrícolas. (4), 220-224.

Patil, S. L., Sheelavantar, M. N., & Shashidhar, K. C. 2011. Crescimento e rendimento do sorgo de inverno (Sorghum bicolor (L.) Moench) influenciado por práticas de conservação da água da chuva, materiais orgânicos e aplicação de azoto em Vertisols da Índia Tropical Semiárida. Indian J. Soil Conserv, 39 (1), 50-58.

Piper, C.S. 1966. Análise do solo e das plantas, Hans Publishers Bombay soc. of Agro. Inc.

Madison, Wisconsin U.S.A. pp. 10-13.

Prajapati, K., & Modi, H. A. 2012. A importância do potássio no crescimento das plantas - uma revisão. Jornal Indiano de Ciências Vegetais, 1 (02-03), 177-186.

Qamar, R., Altaf, M. M., Alwahibi, M. S., Al-Yahyai, R., & Hussain, M. 2022. A aplicação de fósforo e potássio melhora o rendimento forrageiro e a qualidade do sorgo em Aridisol sob diversas condições climáticas. Agricultura, 12 (5), 593.

Ramesha, Y. M., Murthy, K. N., e Sannathimmappa, H. G. 2011. Efeito do vermicomposto enriquecido com fósforo na qualidade do sumo, na produção de etanol e no equilíbrio de nutrientes no sorgo doce (Sorghum bicolor). Jornal Indiano de Agronomia, 56 (2), 138-144.

Ramesha, Y. M., K. N. Sharanappa, Kalyana Murthy e H. G. Sannathimmappa 2010. Efeito do vermicomposto enriquecido com fósforo na qualidade do sumo, no rendimento em etanol e no equilíbrio de nutrientes do sorgo sacarino. Ind. J. Agron. 56 (2),138-144.

Rana, D. S., Singh, B., Gupta, K., Dhaka, A. K., & Pahuja, S. K. 2013. Efeito dos níveis de fertilidade no crescimento, rendimento e qualidade dos genótipos de sorgo forrageiro multicut [Sorghum bicolor (L.) Moench]. Forage Research, 39 (1), 36- 38.

Rana, R. S., e Singh, O. P. 2002. Performance of sorghum genotypes at varying nitrogen and phosphorus levels under tarai conditions. Agricultural Science Digest, 22 (3), 167-169.

Richards, R.J. 1969. A análise quantitativa da fisiologia do crescimento. Academic press, Nova Iorque, pp, 3-63.

Satpal, B., Kumar, N., Devi, S., Kharor, N., Bhardwaj, K., & Kumari, P. 2020. Desempenho de cultivares de sorgo forrageiro de corte único em diferentes níveis de fertilizantes.

Satpal, Tokas, J., e Kumar, S., 2018. Resposta de genótipos de forragem multi-corte a diferentes níveis de fertilizantes. XXI Simpósio Nacional Bienal da Sociedade Indiana de Agron. 24-26.

Satpal, Tokas, J, Bhardwaj, K., K., Devi, S., Kumari, P., Arya, S., Neelam, e Kumar, S., 2019. Avaliação de genótipos de sorgo forrageiro para produção, produtividade e qualidade em diferentes níveis de fertilizantes. Forage Res. 45 (1), 64-68.

Sawargaonkar, G. L., Patil, M. D., Wani, S. P., Pavani, E., Reddy, B. V. S. R., & Marimuthu, S. 2016. Resposta ao nitrogênio e eficiência do uso da água de cultivares de sorgo doce. Pesquisa de Culturas de Campo, 149, 245-251.

Shahrajabian, M. H., Soleymani, A., & Naranjani, L. 2011. Rendimento de grãos e características forrageiras do sorgo forrageiro sob diferentes densidades de plantas e níveis de nitrogênio na segunda safra após a cevada em Isfahan, Irã. Research on Crops, 12 (1), 68-78.

Shanti, M., Susheela, R., Umakant, A., A., Anuradha, M., e Shashikala, T., 2017. Avaliação de genótipos de sorgo doce para rendimento e qualidade da forragem sob diferentes níveis de NPK. Forage Res., 42 (4), 238-242.

Shanti, M., Susheela, R., Anuradha, M., Shashikala, T. e Murali, B. 2019. Avaliação de genótipos de sorgo sob níveis variados de fertilizantes para rendimento e qualidade da forragem. Gestão de Faixas e Agroflorestação 40 (1), 167-169.

Sharma A. e A. Kumar. 2009. Effect of organics and integrated nutrient management on productivity and economics of rabi sorghum (Efeito da gestão orgânica e integrada de nutrientes na produtividade e na economia do sorgo rabi). Karnataka J. Agril. Sci., 22 (1),11-14.

Shroff, J.C. e Patel, P.M. 2020. Efeito da gestão do corte e dos níveis de fertilidade no crescimento e na produção de sementes de sorgo forrageiro multi-corte [Sorghum bicolor 74 (L.) Moench] variedade COFS-29. Revista Internacional de Estudos Químicos. 8 (6), 133-135.

Singh, K. P., Chaplot, P. C., Sumeriya, H. K., & Choudhary, G. L. 2016. Desempenho de genótipos de sorgo forrageiro de corte único para níveis de fertilidade. Forage Research, 42 (2), 140-142.

Singh, P., Sumeriya, H. K., & Kaushik, M. K. 2013. Efeito das práticas de conservação da umidade do solo in situ e sua interação com nutrientes no rendimento, qualidade e economia do sorgo [Sorghum bicolor (L.) Moench]. Jornal de Pesquisa Avançada de Melhoramento de Culturas, 4 (2), 88-92.

Singh, P., Sumeriya, H. K., & Solanki, N. S. 2012. Efeito dos níveis de fertilizantes na produtividade e economia dos genótipos de sorgo de elite [Sorghum bicolor (L.) Meonch]. Madras Agricultural Journal, 99 (jul-sep), 1.

Stickler, F.C., Wearden, S. e Pauli, A. W. 1961. Determinação da área foliar em sorgo granífero. Agron. J. 53, 178-188.

Subbiah, B.V. e Asija, G.L. 1956. Um processador rápido de determinação do azoto disponível no solo. Curr. Sci. 25, 259-260.

Sujathamma, P., Kavitha, K., & Suneetha, V. 2015. Resposta de cultivares de sorgo granífero (Sorghum bicolor L.) a diferentes níveis de fertilizantes em condições de sequeiro. Revista Internacional de Ciências Agrárias, 5 (1), 381-385.

Sumeriya, H. K. 2000. Resposta de diferentes cultivares de sorgo ao azoto e à inoculação com Azospirillum. Jornal Internacional de Agricultura Tropical, 18 (4), 399-401.

Surwenshi, A., Chimmad, V. P., Jalageri, B. R., Kumar, V., Ganapathi, M., & Nakul,

H. T. 2010. Caracterização de genótipos de sorgo para parâmetros fisiológicos e rendimento em condições de humidade do solo em declínio. Res. J. Agric. Sci, (1), 242-244.

Tandel, B. B., Pankhaniya, R. M., & Thanki, J. D. 2020. Resposta das variedades de sorgo forrageiro (Sorghum bicolor L. moench) aos níveis de biofertilizante e nitrogênio. Journal of pharmacognosy and phytochemistry, 9 (6S), 49- 52.

Tandon, H. L. S., & Narayan, P. 1990. Fertilizers in Indian agriculture-past, present and future 1950-2000. Fertilizer Development and Consultation Organisation.

Tisdale, S.L., Nelson, W.L. e Beaton, I.D. 1985. Solo e fertilizante, enxofre, cálcio e magnésio. No livro Soil Fertility and Fertilizers IV ED. Machillan Publishing Co., Nova Iorque.

USDA 2019. Produção agrícola mundial. Departamento de Agricultura dos Estados Unidos. Serviço Agrícola Estrangeiro, Série Circular WAP 5-19. [Google Scholar].

Watson, D., J. 1947. The dependence of net assimilation rate on leaf area index (A dependência da taxa de assimilação líquida do índice de área foliar).

Annals of Botany 22 (1) 37-54.

Yadav, A. K., e Singh, P. 2016. Efeito da gestão integrada de nutrientes no rendimento, teor de proteínas, teor de nutrientes e absorção de sorgo [Sorghum Bicolor (L.) Moench]. Agricultura inovadora, 1 (2), 30-34.

Yadav, A. K., Singh, P., e Kuldeep, S. 2013. Produtividade, absorção de nutrientes e qualidade do sorgo [Sorghum bicolor (L.) Moench] como afetado pela lavoura e gestão integrada de nutrientes. Anais da Agri Bio Research, 18 (2), 146-150.

Yadav, A. K., Singh, P. e Sumeriya, H. K. 2009. Efeito da lavoura e da gestão integrada de nutrientes no crescimento, atributos de rendimento e rendimento do sorgo [Sorghum bicolor (L.) Moench] Haryana Journal of Agronomy. 25 (1/2), 89-90.

Yadav, K., Verma, A., Yadav, M. K., Choudhary, M., & Choudhary, K. M. 2019. Efeito dos níveis de fertilizantes na produtividade da forragem e na qualidade dos genótipos de sorgo multi-corte. Jornal Internacional de Bio-recursos e Gestão do Stress, 10 (2), 119-132.

ÍNDICE DE CONTEÚDOS

MIX
Papier aus verantwortungsvollen Quellen
Paper from responsible sources
FSC® C105338

Printed by Books on Demand GmbH, Norderstedt / Germany